U0314166

高等学校实验实训规划教材

电子技术实验实习教程

主　编　杨立功
副主编　何　春

北京
冶金工业出版社
2009

内 容 提 要

本书是根据昆明理工大学电工电子教学实验中心的多年教学实践并结合理工科电类专业对专业基础课实践教学的要求编写而成的。本书内容主要包括常用电子元器件基础知识、电子技术实验基础知识、常用仪表的使用方法、模拟电子技术实验、数字电子技术实验、电子线路的计算机设计与仿真软件 Multisim 10 的应用、电子实习指导与实例,最后简要介绍了 CPLD 器件的实验应用。本书可以作为高等学校电器信息类、仪器仪表类、电子信息科学类及相关专业的实践教学教材和教学参考书,也可以作为有关工程技术人员的参考书。

图书在版编目(CIP)数据

电子技术实验实习教程/杨立功主编. —北京:冶金工业出版社,2009.2
高等学校实验实训规划教材
ISBN 978-7-5024-4837-0

Ⅰ. 电… Ⅱ. 杨… Ⅲ. 电子技术—实验—教材 Ⅳ. TN-33

中国版本图书馆 CIP 数据核字(2009)第 019863 号

出 版 人 曹胜利
地　　址　北京北河沿大街嵩祝院北巷 39 号,邮编 100009
电　　话　(010)64027926　电子信箱　postmaster@ cnmip. com. cn
责任编辑　郭冬艳　美术编辑　张媛媛　版式设计　张　青
责任校对　刘　倩　责任印制　李玉山
ISBN 978-7-5024-4837-0
北京印刷一厂印刷;冶金工业出版社发行;各地新华书店经销
2009 年 2 月第 1 版,2009 年 2 月第 1 次印刷
787mm×1092mm　1/16;15 印张;356 千字;228 页;1—5000 册
29.00 元

冶金工业出版社发行部　电话:(010)64044283　传真:(010)64027893
冶金书店　地址:北京东四西大街 46 号(100711)　电话:(010)65289081
(本书如有印装质量问题,本社发行部负责退换)

前　言

　　本书是根据理工科院校电子技术课程教学大纲的基本要求，针对高等院校电子电工教学实际编写的一部实验实习指导教材。

　　全书分为7章，第1章介绍常用电子元器件的基础知识，包括器件的型号、特点、主要参数、对应引脚和使用注意事项；第2章介绍电子技术实验的基础知识，包括实验基本要求、实验线路的安装、数据处理和实验故障的分析和排除；第3章介绍常用仪器仪表的使用；第4章为模拟电子技术实验；第5章为数字电子技术实验，第4章和第5章一共给出包括设计性实验和综合性实验在内的26个实验，内容覆盖了模拟电子技术和数字电子技术的基本实验内容；第6章介绍利用Multisim10进行电子线路设计和仿真的基本方法；第7章是为电子实习而编写的，它较为完整地介绍了从计算机绘制电路原理图和印制板图，到电路的实际制板安装调试的全过程；第8章介绍了应用中大规模数字集成电路CPLD的实验应用。

　　本书第1~3章由杨立功编写，第4章由张灿斌编写，第5章由金建辉编写，第6~8章由何春编写。全书由杨立功负责整理、校核和统稿，谢实担任主审。在编写过程中得到梁浩雁和李恒等老师帮助，特此表示感谢。

　　由于本书的编写时间仓促和编者水平所限，不妥之处恳请读者批评指正。

　　本书的出版得到了昆明理工大学教务处和实验管理处的大力支持，在此表示特别感谢。

编　者
2009 年 1 月

目 录

1 常用电子元器件基础知识 ……………………………………………………… 1

  1.1 电阻器 ………………………………………………………………………… 1

  1.2 电容器 ………………………………………………………………………… 4

  1.3 半导体二极管 ………………………………………………………………… 9

  1.4 半导体三极管 ………………………………………………………………… 19

  1.5 场效应管 ……………………………………………………………………… 26

  1.6 集成运算放大器 ……………………………………………………………… 28

  1.7 三端集成稳压器 ……………………………………………………………… 30

  1.8 数字集成电路 ………………………………………………………………… 34

2 电子技术实验基础知识 ………………………………………………………… 51

  2.1 实验基本要求 ………………………………………………………………… 51

  2.2 实验电路的安装 ……………………………………………………………… 52

  2.3 测量误差和测量数据的处理方法 …………………………………………… 53

  2.4 实验电路的调试和故障处理 ………………………………………………… 55

3 常用仪器仪表的使用 …………………………………………………………… 58

  3.1 MF-10 型万用电表 …………………………………………………………… 58

  3.2 GDM-392 型数字万用表 ……………………………………………………… 60

  3.3 PROTEK-505 型数字万用表 ………………………………………………… 63

  3.4 KA-1 型模拟电路学习机 ……………………………………………………… 72

  3.5 SAC-DS2 型数字电路学习机 ………………………………………………… 75

  3.6 晶体管毫伏表 ………………………………………………………………… 77

  3.7 GFG-8015G 型函数发生器 …………………………………………………… 79

  3.8 SS-7802 型三踪示波器 ……………………………………………………… 81

4 模拟电子技术实验 ……………………………………………………………… 94

  4.1 实验一 常用电子仪器的使用 ……………………………………………… 94

  4.2 实验二 单管电压放大器 …………………………………………………… 98

  4.3 实验三 基本共射放大器 …………………………………………………… 100

  4.4 实验四 两级放大电路和负反馈放大电路 ………………………………… 102

  4.5 实验五 差动放大电路 ……………………………………………………… 106

4.6　实验六　波形产生和变换电路（设计型 1）‥‥‥‥‥‥‥‥‥‥ 110

4.7　实验七　波形产生和变换电路（设计型 2）‥‥‥‥‥‥‥‥‥‥ 111

4.8　实验八　集成直流稳压电源‥‥‥‥‥‥‥‥‥‥‥‥‥‥‥‥‥ 113

4.9　实验九　集成运算放大器的应用‥‥‥‥‥‥‥‥‥‥‥‥‥‥‥ 116

4.10　实验十　综合实验集成电路双声道扩音机‥‥‥‥‥‥‥‥‥ 123

4.11　实验十一　方波、三角波发生器的设计‥‥‥‥‥‥‥‥‥‥ 126

4.12　实验十二　直流稳压电源的设计‥‥‥‥‥‥‥‥‥‥‥‥‥ 126

4.13　实验十三　过、欠电压保护电路（综合设计型）‥‥‥‥‥ 127

5　数字电子技术基本实验 ‥‥‥‥‥‥‥‥‥‥‥‥‥‥‥‥‥‥‥ 130

5.1　数字电路实验一般要求‥‥‥‥‥‥‥‥‥‥‥‥‥‥‥‥‥‥ 130

5.2　实验一　数字电路实验常用电子仪器的使用练习‥‥‥‥‥ 131

5.3　实验二　TTL 门电路参数测定‥‥‥‥‥‥‥‥‥‥‥‥‥‥ 133

5.4　实验三　组合逻辑门电路‥‥‥‥‥‥‥‥‥‥‥‥‥‥‥‥‥ 136

5.5　实验四　组合逻辑电路设计‥‥‥‥‥‥‥‥‥‥‥‥‥‥‥‥ 138

5.6　实验五　译码器及其应用‥‥‥‥‥‥‥‥‥‥‥‥‥‥‥‥‥ 140

5.7　实验六　触发器‥‥‥‥‥‥‥‥‥‥‥‥‥‥‥‥‥‥‥‥‥ 143

5.8　实验七　抢答器的设计‥‥‥‥‥‥‥‥‥‥‥‥‥‥‥‥‥‥ 146

5.9　实验八　寄存器‥‥‥‥‥‥‥‥‥‥‥‥‥‥‥‥‥‥‥‥‥ 149

5.10　实验九　任意进制计数器设计‥‥‥‥‥‥‥‥‥‥‥‥‥‥ 150

5.11　实验十　555 电路‥‥‥‥‥‥‥‥‥‥‥‥‥‥‥‥‥‥‥‥ 151

5.12　实验十一　D/A 转换器‥‥‥‥‥‥‥‥‥‥‥‥‥‥‥‥‥ 154

5.13　实验十二　A/D 转换器‥‥‥‥‥‥‥‥‥‥‥‥‥‥‥‥‥ 158

5.14　综合性实验一　数字显示 1～1000μF 电容测试器‥‥‥ 160

5.15　综合性实验二　可报时和显示星期的数字时钟电路‥‥‥ 161

6　电子线路的计算机仿真 ‥‥‥‥‥‥‥‥‥‥‥‥‥‥‥‥‥‥‥ 163

6.1　Multisim 简介‥‥‥‥‥‥‥‥‥‥‥‥‥‥‥‥‥‥‥‥‥‥ 163

6.2　Multisim 基本功能介绍‥‥‥‥‥‥‥‥‥‥‥‥‥‥‥‥‥ 164

6.3　实验电路的绘制与仿真（分析）‥‥‥‥‥‥‥‥‥‥‥‥‥ 167

6.4　实验仿真‥‥‥‥‥‥‥‥‥‥‥‥‥‥‥‥‥‥‥‥‥‥‥‥ 177

7　电子实习 ‥‥‥‥‥‥‥‥‥‥‥‥‥‥‥‥‥‥‥‥‥‥‥‥‥‥ 192

7.1　概述‥‥‥‥‥‥‥‥‥‥‥‥‥‥‥‥‥‥‥‥‥‥‥‥‥‥ 192

7.2　Protel 软件介绍‥‥‥‥‥‥‥‥‥‥‥‥‥‥‥‥‥‥‥‥ 192

7.3　印制电路板的制作‥‥‥‥‥‥‥‥‥‥‥‥‥‥‥‥‥‥‥ 198

7.4　安装调试‥‥‥‥‥‥‥‥‥‥‥‥‥‥‥‥‥‥‥‥‥‥‥‥ 199

7.5　实习选题‥‥‥‥‥‥‥‥‥‥‥‥‥‥‥‥‥‥‥‥‥‥‥‥ 200

8 CPLD 的实验应用 ·· 203

8.1 概述·· 203

8.2 CPLD 开发工具 ·· 205

8.3 Lattice 系统宏介绍 ·· 220

8.4 ispDesignEXPERT System 上机实验 ································· 223

1 常用电子元器件基础知识

电子元器件是构成电子电路的基础，设计电子电路时，必须考虑能否买到所选用的器件、器件的参数是否满足要求及器件的性价比等问题。因此，只有熟悉元器件的性能特点，才能合理地选用它们，从而设计出价廉物美的电子产品来。

电子元器件品种繁多，新品种不断涌现，原有品种的性能不断提高，相应的器件资料也在不断更新，因而读者只有经常查阅近期有关资料，走访电子元件生产厂家和销售商店，才能及时熟悉最新器件，不断丰富自己的电子器件知识。本章简要介绍常用电子元器件的型号，外观识别方法，性能特点，电气参数等知识。

1.1 电阻器

1.1.1 电阻器和电位器的型号命名法

电阻器可分为固定式和可变式两大类，其中可变式电阻器又称为电位器。电阻器的型号命名方法如表 1-1 所示。

表 1-1 电阻器的命名方法

第一部分		第二部分		第三部分		第四部分
用字母表示名称		用字母表示材料		用字母或数字表示分类		用数字表示序号
符 号	意 义	符 号	意 义	符 号	意 义	
				1	普 通	
		T	碳 膜	2	普 通	
		P	硼碳膜	3	超高频	
		U	硅碳膜	4	高 阻	
		H	合成膜	5	高 温	
		I	玻璃釉膜	6	精 密	
		J	金属膜	7	精 密	
R	电阻器	Y	氧化膜	8	高压和特殊函数	
W	电位器	S	有机实芯	9	特 殊	
		N	无机实芯	G	高功率	
		X	线 绕	T	可 调	
		R	热 敏	X	小 型	
		G	光 敏	L	测量用	
		M	压 敏	W	微 调	
				D	多 圈	

例如一个标有 RJ71-0.125-5.1K-I 型号的电阻器，表示金属膜精密固定电阻器，阻值为 5.1kΩ，额定功率为 1/8W，允许误差为 ±5%。

1.1.2 常用电阻器的性能特点

碳膜电阻器的特点是成本低，阻值稳定性好，能在 70℃ 下长期工作，阻值范围宽（5.1Ω~10MΩ），温度系数小（$<10^{-3}$/℃），噪声低（$<5\mu V$）。标称阻值的允许偏差一般为 ±5%~±10%，精度高的可达到 0.1%。在电路设计中应优先考虑选用碳膜电阻器。

金属膜电阻器是非线绕式精密电阻的主要品种，它的电性能优于碳膜电阻器，标称阻值的允许偏差一般为 ±0.05%~±0.5%，能在 125℃ 下长期工作，但价格较贵。

金属氧化膜电阻器的性能和金属膜电阻相似，但耐热性能更好（145~235℃）。容易制成低阻产品（1Ω~200kΩ），成本也较低。

线绕电阻器由电阻合金丝绕制而成，特点是温度系数小、稳定性好、功率范围宽（0.05 到几百瓦）。能制成高精度产品（误差不大于 0.001%）和低阻产品（可达0.01Ω），但是本身分布电感和分布电容较大，价格也较贵。

金属玻璃釉电阻的特点是耐湿、耐高温、功率大、温度系数小（$<5\times10^{-5}$/℃），能制成高阻型、高压型功率型或半功率型电阻器。标称阻值的允许偏差一般为 ±1%。高阻产品阻值可达到 $10^{14}\Omega$，高压产品耐压达 30kV。

敏感电阻器是一种半导体传感器，用它可以使某些非电量转变为电量。它的品种很多，有光敏电阻、热敏电阻、压敏电阻、湿敏电阻等。

1.1.3 电阻器的标称值和误差等级

在设计电路选用电阻时，一般应在标称系列中选用。电阻值的标称值指的是表 1-2 中的数值乘以 10^n（n 为整数）所得的数值。

表 1-2　电阻值的标称值

标称系列	误差	电阻器、电位器的标称值
E24	±5%	1.0, 1.1, 1.2, 1.3, 1.5, 1.6, 1.8, 2.0, 2.2, 2.4, 2.7, 3.0, 3.3, 3.6, 3.9, 4.3, 4.7, 5.1, 5.6, 6.2, 6.8, 8.2, 9.1
E12	±10%	1.0, 1.2, 1.5, 1.8, 2.2, 2.7, 3.3, 3.9, 4.7, 5.6, 6.8, 8.2
E6	±20%	1.0, 1.5, 2.2, 3.3, 4.7, 6.8

1.1.4 固定电阻器的规格标注方式

固定电阻器的主要参数一般直接标注在产品上。标注方式主要有以下三种：（1）直接标注法。例如，1.3kΩ ±5% 等。（2）文字符号法。例如，3M3K 表示的阻值为 3.3MΩ，允许偏差为 ±10%。允许偏差用字母表示，对应关系如下：F 为 ±1%，G 为 ±5%，K 为 ±10%，M 为 ±20%。（3）色标法。主要参数用颜色标在元件上，颜色和数值的对应关系如表 1-3 所示。常用的环带色码和三点色标标注法如图 1-1 所示。

表1-3　固定电阻器颜色和数值的对应关系

颜色 参数	银	金	黑	棕	红	橙	黄	绿	蓝	紫	灰	白	无
有效数字	—	—	0	1	2	3	4	5	6	7	8	9	—
乘　数	10^{-2}	10^{-1}	10^{0}	10^{1}	10^{2}	10^{3}	10^{4}	10^{5}	10^{6}	10^{7}	10^{8}	10^{9}	—
允许偏差/%	±10	±5	—	±1	±2	—	—	±0.5	±0.2	±0.1	—	$+50$ -20	±20

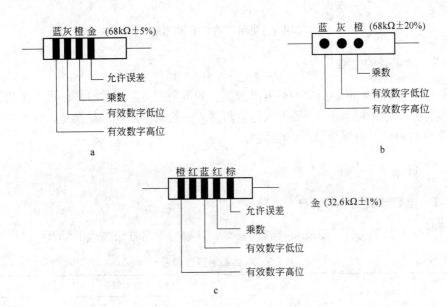

图 1-1　色码标注法举例

a—四环带色标制；b—三点色码制；c—五环带色标制

1.1.5　电阻器的额定功率

选用电阻器除了考虑材料和数值以外，还应注意电阻器的额定功率。电阻器额定功率的标称系列如表1-4所示。

表1-4　电阻器额定功率的标称系列

电阻类型		额定功率标称值/W
线　绕	固定电阻器	0.05，0.125，0.25，0.5，1，2，4，8，10，16，25，40，50，75，100，150，250，500
	电位器	0.25，0.5，1.0，1.6，2，3，5，10，16，25，40，63，100
非线绕	固定电阻器	0.05，0.125，0.25，0.5，1，2，5，10，25，50，100
	电位器	0.025，0.05，0.1，0.25，0.5，1，2，3

1.1.6　电阻器制图标注规则

电阻器的符号为长宽比例适中的长方形，电阻值标注在旁边。一般：

一千欧以下的电阻不标注单位。例如 5.1 和 680，就表示 5.1Ω 和 680Ω。

一千欧至 100 千欧，只标"k"，省去"Ω"。例如 5.1k 和 680k，表示 5.1kΩ 和 680kΩ。

100 千欧至一兆欧可以标注"kΩ"或"MΩ"。例如 360kΩ 也可以写成 0.36MΩ。

一兆欧以上的只标"M"。例如 1.1M、2.7M 等。

电阻器的功率标注在长方形内部，如图 1-2 所示。

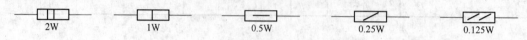

图 1-2　电阻器的功率标注法

1.1.7　电阻器的检测

电阻器的功率、阻值、精度等都可以检测，如电阻器电阻值的检测，可直接用万用表的电阻挡进行，测量电阻时，不要把人体电阻并入，否则会出现测量误差，特别是在测量 1MΩ 以上的电阻时，对测量结果影响很大。

1.2　电容器

1.2.1　电容器的型号命名法

电容器分为固定式、可变式和微调式三类，其型号命名方法如表 1-5 所示。

表 1-5　电容器的型号命名

第一部分		第二部分		第三部分		第四部分
主　称		用字母表示材料		用字母表示特征		用数字表示
符号	意义	符号	意　义	符号	意　义	序　号
C	电容器	C	高频瓷			
		T	低频瓷			
		I	玻璃釉			
		Y	云　母			
		V	云母纸	T	铁　电	
		Z	纸　化	W	微　调	
		J	金属纸化	J	金属化	
		B	聚苯乙烯等非极性有机薄膜	X	小　型	
		L	涤纶等极性有机薄膜	D	低　压	
		Q	漆　膜	M	密　封	
		H	纸膜复合	Y	高　压	
		D	铝电解	G	穿心式	
		A	钽电解	S	独　石	
		G	金属电解			
		N	铌电解			
		E	其他材料电解			
		O	玻璃膜			

例如型号为 CCG1-63V-0.01MFⅢ的电容器表示的含义为高功率高频瓷电容器，标称容量为 0.01μF，耐压为 63V，误差等级为 ±20%。

1.2.2 电容器的种类及特点

电容器一般分为固定电容器、可变电容器和微调电容器三类。可变电容器的容量一般在几百个皮法范围以内变化，主要用于调谐电路中，介质为空气或固体介质。空气介质介电系数小，损耗小，因而空气介质可变电容器体积大，但电性能好。固体介质一般用云母或塑料薄膜，用它制成的可变电容器体积小，但使用寿命短。

微调电容器的电容量可以在小范围内变化（小于 100pF），主要用于电路中电容量的调整或补偿，介质以云母、陶瓷和聚苯乙烯为主。

固定电容器按介质的不同可分为许多种，现将较为常见的几种分别介绍如下：

（1）纸介电容器。它以纸作为介质，温度系数大、稳定性差、损耗大（$\tan\delta < 0.015$）、有较大的固有电感，只适用于要求不高的场合。

（2）金属化纸介电容器。它的内部结构和性能类似纸介电容器，但体积和损耗较后者小，内部纸介质击穿后有自愈作用。

（3）瓷介电容器。即以电容器陶瓷为介质的电容器。其中高频瓷介电容器损耗小（$\tan\delta < 0.0015$）、稳定性好，可以在高温下工作。低频瓷介电容器损耗大（$\tan\delta < 0.05$）、稳定性差，但容量容易做得大。独石电容器是一种多层结构的陶瓷电容器，具有体积小、容量大（低频独石电容器可达 0.47μF）、耐高温和性能稳定等特点。

（4）云母电容器。这种电容器以云母为介质，损耗小（$\tan\delta < 0.0017$）、精度高、稳定性好，容量一般小于 0.1μF。可作为标准电容器使用。

（5）电解电容器。此种电容器介质为很薄的氧化膜，所以容量可以作得很大。由于氧化膜有单向导电性，因此电解电容器一般有正负极性，使用中应保证电解电容器的负极电位低于正极电位。电解电容器的损耗大，性能受温度影响大。例如，在 70℃时，其漏电流可达常温时的 10 倍，在 −30℃时，电容量将急剧减小。

电解电容器的品种有铝电解电容器、钽电解电容器和铌电解电容器，后两者性能优于铝电解电容器，但价格较贵。常用的铝电解电容器价格便宜，最大容量可达几个法拉，但性能较差，寿命短（存储寿命小于 5 年）。

（6）有机薄膜电容器。这种电容器以有机薄膜为介质，分为极性介质和非极性介质两类。通常极性介质电容器耐热、耐压性能好，耐压相同时，容量体积比值较大。非极性介质电容器损耗小，介质吸收系数小，绝缘电阻高，性能随温度和频率变化小。其中，聚苯乙烯电容器的耐热性稍差（小于 70℃），但其他性能优良、稳定性好，可以作为标准电容器使用。聚丙烯电容器性能与聚苯乙烯电容器相似，但稳定性稍差，可以部分代替云母电容器。聚四氟乙烯电容器耐高温（小于 250℃）和化学腐蚀，电参数的温度和频率特性好，一般在高温、高绝缘和高频等场合应用。缺点是价格较贵。涤纶电容器的优点是耐热性能好，缺点是损耗大，不宜在高频条件下使用。聚碳酸酯电容器性能优于涤纶电容器，工作温度可达 130℃。

几种有机薄膜介质电容器的性能如表 1-6 所示。

表1-6 有机薄膜介质电容器的性能

介质名称	介质极性	容量范围/μF	允许误差等级范围/%	损耗角正切值（×10^{-4}）	直流工作电压/V	绝缘电阻/Ω
聚苯乙烯	非极性	$10^{-6} \sim 2$	±0.1 ~ ±20	<15	40 ~ 30000	10^{11}
聚丙烯	非极性	$10^{-3} \sim 5$	±2 ~ ±20	<10	63 ~ 1600	10^{11}
聚四氟乙烯	非极性	$10^{-4} \sim 0.5$	±5 ~ ±20	<10	250 ~ 25000	10^{12}
涤纶	极性	$4.7 \times 10^{-4} \sim 10$	±5 ~ ±20	<100	63 ~ 24000	
聚碳酸酯	极性	$10^{-4} \sim 5$	±5 ~ ±20	<15	50 ~ 250	

1.2.3 电容器的标称系列及误差等级

设计电路选用电容器时，容量值应在标称系列中选用。部分固定电容器的标称系列如表1-7所示。

表1-7 部分固定电容器的标称系列

电容器类型	允许偏差	容量标称值/μF	
纸介、金属化纸介、低频极性有机薄膜介质电容器	±5% ±10% ±20%	100pF ~ 1μF	1.0、1.5、2.2、3.3、4.7、6.8
		1 ~ 100μF	1、2、4、6、8、10、15、20、30、50、60、80、100
无极性高频有机薄膜介质、瓷介、云母介质等无机介质电容器	±5%	1.0、1.1、1.2、1.3、1.5、1.6、1.8、2.0、2.2、2.4、2.7、3.0、3.3、3.6、3.9、4.3、4.7、5.1、5.6、6.2、6.8、7.5、8.2、9.1	
	±10%	1.0、1.2、1.5、1.8、2.2、2.7、3.3、3.9、4.7、5.6、6.8、8.2	
	±20%	1.0、1.5、2.2、3.3、4.7、6.8	
铝、钽等电解电容器	±20%	1.0、1.5、2.2、3.3、4.7、6.8	

电容器的准确度的允许偏差直接以允许偏差的百分数表示。常用电容器的允许偏差等级如表1-8表示。

表1-8 常用电容器的允许偏差等级

允许误差	±2%	±5%	±10%	±20%	+20% -30%	+50% -20%	+100% -10%
级 别	02	I	II	III	IV	V	VI

1.2.4 电容器的耐压

电容器在长期可靠的工作条件下所能承受的最大直流电压，就是电容器的耐压。如果在交流电路中，要注意所加的交流电压最大值不能超过电容的耐压值。常用固定电容器的耐压（直流工作电压）系列如表1-9所示。

表1-9　常用固定电容器的耐压系列

直流工作电压/V	1.6，4，6.3，10，25，32*，40，50，63，100，125*，160，250，300*，400，450*，500，630，1000

注：* 只限电解电容用。

1.2.5　电容的绝缘电阻

由于电容器的两个极板之间的介质不是绝对的绝缘体，它的电阻是一个有限大的数值，一般在1000MΩ以上。电容两极之间的电阻叫绝缘电阻或漏电电阻。电容漏电会引起能量损耗，这不仅影响电容器的寿命，而且会影响电路的正常工作。漏电电阻越小，漏电越严重，所以绝缘电阻越大越好。

1.2.6　电容器的表示符号

电容器的符号如图1-3所示。

固定电容　　　电解电容　　　可变电容　　　半可变电容

图1-3　电容器的符号

1.2.7　固定电容器的标注方法

固定电容器有多种标注方法，如图1-4所示。

A　色环标注法

它将不同颜色的色环从上到下涂在电容器上，第一、第二环表示有效数字，第三环表示倍率，第四环表示电容量的误差范围，电容器单位为pF。各颜色的含义见表1-10。图1-4a所示电容，色环颜色由上到下依次为蓝、灰、棕和无色，电容为：680pF±20%。

表1-10　色环标注法中各颜色的含义

参数＼颜色	银	金	黑	棕	红	橙	黄	绿	蓝	紫	灰	白	无色
有效数字	—	—	0	1	2	3	4	5	6	7	8	9	—
倍率	—	—	10^0	10^1	10^2	10^3	10^4	—	—	—	10^{-1}	10^{-2}	—
允许偏差/%	—	—	±20	±1	±2	—	—	—	—	—	—	±10	±20

B　色点表示法

如图1-4b所示。各颜色的含义见表1-10。读取顺序为顺时针方向，第一点表示特性，可以省略，第二点、第三点为有效数字，第四点表示倍率，第五点表示误差，第六点表示电容器的耐压，红色代表250V，绿色代表500V，第七点表示电容器允许的工作温度范围，黑色表示的工作温度范围为：−55～＋85℃；灰色和红色表示的工作温度范围为：

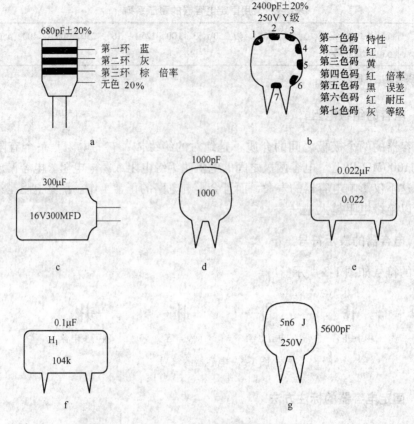

图 1-4　电容器的标注法

a—色环标注法；b—色码标注法；c, d, e—直接标注法；

f—数字倍率标注法；g—p、n、μ、m 表示法

−30 ~ +85℃；所以该电容为：2400 ±20%，耐压 250V；工作温度范围为： −30 ~ +85℃。

C　直接标注法

如图 1-4c 所示。该图表示的电容为：300μF，耐压 16V。

图 1-4d 和图 1-4e 所示电容为简化的直接标注法，它们只标数字不标单位。表示单位的约定是：电容器上所标数字为 1 至 4 位整数时，单位为 pF。所标数字带有小数点时，单位为 μF。所以图 1-4d 所示电容为 1000pF，图 1-4e 所示电容为 0.022μF。

D　数字倍率表示法

如图 1-4f 所示，它采用数值和倍率相乘的办法来表示电容量，该图中数值是 10，4表示 0 的个数，即倍率是 10^4，因此电容量为 10×10^4 pF = 100000pF = 0.1μF。字母 k 表示误差等级为 ±10%，字母和误差等级的对照见表 1-11 所示。电容器的工作电压，如表1-12所示，例如 1 和 H 的组合 1H 表示 1H = 5.0V。

表 1-11　字母和误差等级

G	J	K	L	M
±2%	±5%	±10%	±5%	±20%

E　p、n、μ、m表示法

如图1-4g所示，这种表示法目前在国际上被广泛采用。它用2～4个数字和1个字母来表示电容量，其中字母表示数值的量级，具体规定如下："p"表示皮法（10^{-12}F），"n"表示毫微法（10^{-9}F），"μ"表示微法（10^{-6}F），"m"表示毫法（10^{-3}F）。字母前面的数字表示整数，字母后面的数字表示小数部分。图1-4g所示的5n6 = 5.6 × 10^{-9}F = 5600 × 10^{-12}F = 5600pF。J表示误差等级为±5%。

表1-12　数字和字母对照　　　　　　　　　　　　　　　　　（V）

字母 数字	A	B	C	D	E	F	G	H	J
1	1	1.25	1.6	2.0	2.5	3.15	4.0	5.0	6.3
2	10	12.5	16	20	25	31.5	40	50	63
3	100	125	160	200	250	315	400	500	630

1.2.8　电容器的检测

对电容器的检测包含以下几方面：

（1）电容器容量的判别：5000pF以上的电容器，用万用表的高电阻挡 $R × 10kΩ$，把表笔接触电容器的两极（注意不能用两手捏住电容器的两极，以免人体电阻影响判别结果），这时表的指针先向顺时针方向偏转一下，然后指针复原至∞，表示该电容器有一定的容量；再将红黑表笔对调后测试，也观察到同样的现象，即电容器的充放电过程，且指针偏转越大，复原的速度越慢，说明电容器的容量越大。若测试中指针不偏转，电容器已断路；若指针无法复原至∞，说明电容漏电。

（2）电容器漏电的判别：用万用表的电阻挡 $R × 10kΩ$，把表笔接触电容器的两极，表的指针先向顺时针方向偏转一下（5000pF以下的电容器无偏转），然后指针复原，若不能复原，待稳后读出电容器漏电的相应电阻值，一般为几百兆欧到几千兆欧，阻值越大，电容器的漏电越小。

（3）电解电容器极性的判别：用万用表测量出电容器的漏电电阻值，把红黑表笔对调后测试，比较两次测得的电阻值，漏电电阻值小的一次，黑表笔（表内电池正极）所接触的为电容器负极。

1.3　半导体二极管

半导体二极管由一个PN结封装而成，基本特性是单向导电性。由于应用场合的不同，二极管的种类繁多。各种类型的二极管有不同的参数来描述。

1.3.1　半导体器件组成部分的符号及意义

我国生产的半导体分离元件型号的组成及意义如表1-13所示。

表 1-13　中国半导体器件组成部分的符号及意义

第一部分		第二部分		第三部分				第四部分	第五部分
用数字表示器件电极数目		用汉语拼音字母表示器件的材料和极性		用汉语拼音字母表示器件的类型				用数字表示器件的序号	汉语拼音字母表示规格号
符号	意义	符号	意 义	符号	意 义	符号	意 义		
2	二极管	A	N 型锗材料	P	普通管	D	低频大功率管		
		B	P 型锗材料	V	微波管	A	高频大功率管		
		C	N 型硅材料	W	稳压管	T	半导体闸流管		
		D	P 型硅材料	C	参量管	X	低频小功率管		
				Z	整流管	G	高频小功率管		
3	三极管	A	PNP 型锗材料	L	整流堆	J	阶跃恢复管		
		B	NPN 型锗材料	S	隧道管	CS	场效应管		
		C	PNP 型硅材料	N	阻尼管	BT	特殊器件		
		D	NPN 型硅材料	U	光电器件	FH	复合管		
		E	化合物材料	K	开关管	PIN	PIN 管		
				B	雪崩管	JG	激光器件		
				Y	体效应管				
备注	低频小功率管指截止频率小于 3MHz、耗散功率小于 1W，高频小功率管指截止频率不小于 3MHz、耗散功率小于 1W，低频大功率管指截止频率小于 3MHz、耗散功率不小于 1W，高频大功率管指截止频率不小于 3MHz、耗散功率不小于 1W								

例如：锗 PNP 高频小功率管为 3AG11C。

3　A　G　11　C

规格号
序号
高频小功率管
NPN 型锗材料
三极管

1.3.2　美国电子半导体协会半导体器件型号命名法

美国半导体器件型号命名法如表 1-14 所示。

表 1-14　美国电子半导体协会半导体器件型号命名法

第一部分		第二部分		第三部分		第四部分		第五部分	
用符号表示用途的类别		用数字表示 PN 结的数目		美国电子半导体协会（EIA）注册标志		美国电子半导体协会（EIA）登记顺序号		用英文字母表示器件分挡	
符号	意义	符号	意 义	符号	意 义	符号	意 义	符号	意 义
JAN 或 J	军用品	1	二极管	N	该器件已在美国电子半导体协会登记顺序号	多位数字	该器件已在美国电子半导体协会登记顺序号	A B C D	同一型号不同挡别
		2	三极管						
无	非军用品	3	3 个 PN 结器件						
		4	N 个 PN 结器件						

1.3.3 普通整流二极管

主要用于把交流电流（压）变为单方向脉动变化的直流电流（压）。描述器件特性的主要参数为：（1）最大整流电流 I_F；（2）最高反向工作电压 U_{RM}；（3）反向电流 I_R；（4）最高工作频率 f_m。部分普通整流二极管的参数详见表1-15，部分开关二极管的参数详见表1-16，部分检波二极管的参数详见表1-17。

表 1-15　部分常用整流二极管的主要参数

型　号	正向电流/A	正向降压/V	反向电流(25℃)/μA	最高反向工作电压/V
2CZ53A	0.3	≤1.0	5	25
2CZ53C	0.3	≤1.0	5	100
2CZ53N	0.3	≤1.0	5	1200
2CZ54B	0.5	≤1.0	10	50
2CZ54A	0.5	≤1.0	10	100
2CZ54A	0.5	≤1.0	10	800
2CZ55A	1	≤1.0	10	50
2CZ55A	1	≤1.0	10	500
2CZ56A	3	≤0.8	20	50
2CZ56A	3	≤0.8	20	600
2CZ57A	5	≤0.8	20	50
2CZ57A	5	≤0.8	20	800
2CZ58A	10	≤0.8	30	25
2CZ59A	20	≤0.8	40	25
2CZ82A	0.1	≤1.0	5	25
2CZ83A	0.3	≤1.0	5	25

表 1-16　部分常用开关二极管的主要参数

型　号	正向电压/V	正向电流/mA	最高反向工作电压/V	反向击穿电压/V	反向恢复时间/ns
2AK1	≤1	≥100	10	≥30	≤200
2AK2	≤1	≥150	20	≥40	≤200
2AK3	≤0.9	≥200	30	≥50	≤150
2AK6	≤0.9	≥200	50	≥70	≤150
2AK7	≤1	≥10	30	50	≤150
2AK10	≤1	≥10	50	70	≤150
2AK14	≤0.7	≥250	50	70	≤150
2AK18	≤0.65	≥250	30	50	≤100
2AK20	≤0.65	≥250	50	70	≤100
2CK1	≤1	≥100	30	≥40	≤150
2CK6	≤1	100	180	≥210	≤150
2CK13	≤1	30	50	75	≤5
2CK20A	≤0.8	50	20	30	≤3
2CK20D	≤0.8	50	50	75	≤3
2CK70A~E	≤0.8	≥10			≤3
2CK71A~E	≤0.8	≥20	A≥20B≥30	A≥30B≥45	≤4
2CK72A~E	≤0.8	≥30	C≥40D≥50	C≥60D≥75	≤4
2CK73A~E	≤1	≥50	E≥60	E≥90	≤5
2CK76A~E	≤1	≥200			≤5

表 1-17　几种锗检波二极管的主要参数

型　号	最大整流电流 I_F/mA	最高反向工作电压 U_{BR}/V	反向击穿电压 /V	最高工作频率 f_M/MHz
2AP1	16	20	≥40	
2AP2	16	30	≥45	
2AP3	25	30	≥45	
2AP4	16	50	≥75	
2AP5	16	75	≥110	150
2AP6	12	100	≥150	
2AP7	12	100	≥150	
2AP8	35	10	≥20	
2AP8A	35	15	≥20	
2AP9	5	10	≥20	100
2AP10	5	30	≥40	100

普通二极管的选用原则是:

(1) 实际流过二极管的正向电流平均值: $I_D \leqslant I_F$。

(2) 实际施加在二极管两端的反向电压瞬时值: $U_D \leqslant U_{RM}$。

(3) 实际施加在二极管的最高工作频率: $f \leqslant f_M$。

一个处于正常导通状态的二极管,两端正向电压降的处理,可以分为以下三种情况:

(1) 视二极管为理想状态,二极管两端电压降为零,即 $U_D = 0$。这适用于要求精度不高的大信号工作情况。

(2) 不论流过二极管正向电流的大小,均认为两端导通电压降为常数(硅管为 0.7V,锗管为 0.3V),即 $U_D = 0.7V$ (硅管), $U_D = 0.3V$ (锗管)。这种方式要求二极管的正向电流 $I_D > 1mA$,否则会产生较大误差。

(3) 考虑二极管内阻,认为二极管正向电压降随正向电流上升而上升,即

$$U_D = 0.5 + I_D R_D$$

这种方式适用于要求精度较高的地方。

1.3.4　稳压二极管

稳压二极管利用二极管反向击穿后,反向电流急剧上升,而击穿电压基本不变的特点来实现稳压作用。通常只要在稳压线路中串联一个限流电阻 R,使流过稳压管的电流 I_Z 满足既小于最大稳定电流又大于最小稳定电流,则稳压管两端电压可基本保持不变。

描述稳压管的主要参数为:(1) 稳定电压 U_Z;(2) 稳定电流 I_Z;(3) 动态电阻 r_Z;(4) 额定功耗 P_Z,即 $P_Z = I_{Zmax} \cdot U_Z$;(5) 温度系数 α_U 等。不同型号稳压二极管的参数见表 1-18 和表 1-19。

表 1-18 部分硅稳压二极管的参数

新型号	旧型号	稳定电压 U_z/V	最大稳定电流 /mA	耗散功率 /mW	反向漏电流 /μA	电压温度系数 10^{-4}/℃	动态电阻 r_z/Ω			
							R_{z1}	I_{z1}/mA	R_{z2}	I_{z2}/mA
2CW72	2CW1	7～8.5	29			≤7	12	1	6	5
2CW73	2CW2	8～9.5	25			≤8	18	1	10	5
2CW74	2CW3	9～10.5	23	250	≤0.1	≤8	25	1	12	5
2CW75	2CW4	10～12	21			≤9	30	1	15	5
2CW76	2CW5	11.5～12.5	20			≤9	35	1	18	5
2CW77	2CW6	12～14	18			≤9.5	35	1	18	5
2CW53	2CW12	4～5.8	45	250	≤1	-6～4	550	1	50	10
2CW54	2CW13	5.5～6.5	38	250		-3～5	500	1	30	10
2CW55	2CW14	6.2～7.5	33	250		≤6	400	1	15	10
2CW56	2CW15	7～8.8	29	250		≤7	400	1	15	5
2CW57	2CW16	8.5～9.5	26	250		≤8	400	1	20	5
2CW58	2CW17	9.2～10.5	23	250	≤0.5	≤8	400	1	25	5
2CW59	2CW18	10～11.8	20	250		≤9	400	1	30	5
2CW60	2CW19	12.2～14	17	250		≤9	400	1	40	5
2CW61						≤9.5	400	1	50	3
2CW62	2CW20	13.5～17	14	250		≤9.5	400	1	60	3
2CW130	2CW22	3～4.5	600			≤-8	≤250	3	≤20	100
2CW131	2CW22A	4.5～5.8	500			-6～4	≤300	3	≤15	100
2CW132	2CW22B	5.5～6.5	460			-3～5	≤250	3	≤12	100
2CW133	2CW22C	6.2～7.5	400	3000	≤0.5	≤6	≤200	3	≤6	100
2CW134	2CW22D	7～8.8	330			≤7	≤200	3	≤5	50
2CW135	2CW22E	8.5～9.5	310			≤8	≤200	3	≤7	50
2CW136	2CW22F	9.2～10.5	280			≤8	≤200	3	≤9	50
2CW137	2CW22G	10～11.8	250			≤9	≤200	3	≤12	50
测试条件		工作电流 =I_{z2}			反向电压 =1V		工作电流 =I_{z1}		工作电流 =I_{z2}	

表 1-19 部分硅稳压管的参数

新型号	旧型号	耗散功率 /mW	最大稳定电流/mA	最高结温 /℃	稳定电压 U_z/V	动态电阻 r_z/Ω	反向漏电流 /μA	工作电流 /mA	电压温度系数 10^{-4}/℃
2DW 230	2DW7A				5.8～6.6	≤25			
2DW 231	2DW7B				5.8～6.6	≤15			
2DW 232	2DW7C（红点）				6.0～6.5	≤10			
2DW 233	2DW7C（黄点）	200	30	150	6.0～6.5	≤10	≤1	10	0.005
2DW 234	2DW7C（无色）				6.0～6.5	≤10			
2DW 235	2DW7C（绿点）				6.0～6.5	≤10			
2DW 236	2DW7C（灰点）				6.0～6.5	≤10			

新型号	旧型号	耗散功率/mW	最大稳定电流/mA	最高结温/℃	稳定电压 U_z/V	动态电阻 r_z/Ω	反向漏电流/μA	工作电流/mA	电压温度系数 10^{-4}/℃
测试条件					工作电流=10mA	工作电流=10mA	反向电压=1V		工作电流=10mA
2DW7A					6.0~6.5	≤25			
2DW7B					6.0~6.5	≤15	≤1	10	0.08
2DW7C					6.0~6.5	≤5			
测试条件					工作电流=10mA		反向电压=1V		工作电流=10mA

稳压二极管的选用原则是：

$$U_0 = U_Z \qquad I_{Zmax} > I_Z > I_{Zmin}$$

构成如图 1-5 所示的基本稳压电路时，要求：

$$I_{Zmax} - I_Z > I_{0max} - I_{0min}$$

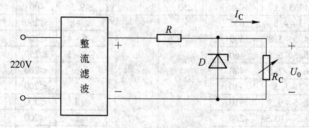

图 1-5 硅稳压管基本电路形式

1.3.5 发光二极管 LED

它由砷化镓、磷砷化镓等化合物半导体制成的 PN 结构成。当流过它的正向电流为几个毫安到十几个毫安时，它便发出足够亮度的光。这是由于自由电子与空穴复合而形成能量释放的结果。

描述发光二极管的主要参数为：（1）最大正向电流 I_F；（2）正向电压降 U_F；（3）最大功耗 P_M；（4）反向击穿电压 U_{RM} 等。不同发光二极管的参数如表 1-20 所示。

表 1-20 部分国产发光二极管

型号	极限功率/mW	极限工作电流/mA	反向漏电流/μA	正向压降/V	正向工作电流/mA	反向击穿电压/V	发光颜色	光视效能/mlm·mW^{-1}
BT201A								≥1.5
BT201E	100	70	≤100	≤2	20	≥5	红	≥3
BT201F								≥4
BT203A								≥1.5
BT203E	100	70	≤100	≤2	10	≥5	红	≥3
BT203F								≥4

型 号	极限功率/mW	极限工作电流/mA	反向漏电流/μA	正向压降/V	正向工作电流/mA	反向击穿电压/V	发光颜色	光视效能/mlm·mW⁻¹
BT202A	30	20	≤100	≤2	5	≥5	红	≥0.7
BT202E								≥1.2
BT301A	100	60	≤100	1.1~1.3	40	≥5	绿	≥0.6
BT301B								≥0.4
BT401A	100		≤1.3		40	≥5	红外	≥2
BT401B								≥1.5
BT401C								≥1

选用发光二极管时，应注意下列问题：

（1）流过 LED 的正向电流应小于 I_F，一般均应串联限流电阻。

（2）LED 正向电压降较大，一般在 1.5~3V 左右。

（3）LED 反向击穿电压较低，用于交流电流中时，可在两端反向并联整流二极管，如图1-6所示。

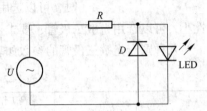

图1-6　用于交流电流中的 LED

1.3.6　光敏二极管

光敏二极管又称光电二极管，它有 PN 结型、PIN 结型、雪崩型和肖特基结型四种类型。PN 结型光敏二极管同普通二极管一样，也是 PN 结构造，只是结面积较大，结深较浅，管壳上有光窗，从而使入射光容易注入 PN 结的耗尽区中进行光电转换。结面积大，则受光面积大，光电转换效率高。

无光照时，光敏二极管的反向饱和电流称为暗电流，数值较小，一般为小于 0.2μA。有光照时，其反响饱和电流称为光电流。光电流在一定的反向电压范围内（$U_R \geq 5V$）随光照强度的增加而线性增加。因此对应一定的光照强度，光敏二极管相当于一个恒流源。在有光照而无外加电压时，光敏二极管相当于一个电池，P 区为正极，N 区为负极。部分光敏二极管参数如表 1-21 所示。

表 1-21　部分硅光敏二极管的参数

型　号	最高工作电压 U_{RM}/V	暗电流/μA	光电流/μA 1000 勒克斯	灵敏度/μA·μW⁻¹ 波长 0.9μm	峰值响应波长/μm	响应时间/ns t_r $R_L=50\Omega\,V=10V$ $f=300Hz$	t_f	结电容/pF $V=U_{RM}$ $f<5MHz$
2CU1A	10	≤0.2	≥80	≥0.5	0.88	≤5	≤50	8
2CU1B~1E	20~50	≤0.2	≥80	≥0.5	0.88	≤5	≤50	8
2CU2A	10	≤0.1	≥30	≥0.5	0.88	≤5	≤50	8
2CU2B~2E	20~50	≤0.1	≥30	≥0.5	0.88	≤5	≤50	8
2CU5	12	≤0.1	≥50	≥0.5	0.88	≤5	≤50	8
2DUL1		≤0.5	≥0.5		1.06	≤1	≤1	≤4

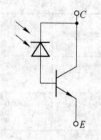

图 1-7 光敏三极管
等效电路

1.3.7 光敏三极管

光敏三极管依据光照的强度来控制集电极电流的大小，其等效电路如图 1-7 所示。

在光敏三极管集电极和发射极之间加上电压，使集电结反偏后，如果没有光照，CE 之间只有漏电流 I_{CEO}，即暗电流，数值约为 $0.3\mu A$ 左右。有光照时将产生光电流 I_B，它被放大后形成集电极电流 I_C，大小在几百微安至几个毫安之间。

在选用光敏三极管时，应按参数要求选用管型，要求灵敏度高时，可以选用达林顿型光敏三极管；要求响应时间快，对温度敏感性小，可以选用光敏二极管；要求探测弱光，则一定要选择暗电流小的光敏三极管。

几种国产光敏三极管的参数如表 1-22 所示。

表 1-22　几种国产光敏三极管的参数

型　号	允许功耗/mW	最高工作电压 U_{CEM}/V $I_{CE}=I_D$	暗电流 $I_D/\mu A$ $U_{CE}=U_{CEM}$	光电流/mA 1000 勒克斯 $U_{CE}=10V$	峰值响应波长 /μm
3DU11	70	≥10			
3DU12	50	≥30	≤0.3	0.5 ~ 1	
3DU13	100	≥50			
3DU14	100	≥100	≤0.2	0.5 ~ 1	
3DU21	30	≥10			
3DU22	50	≥30	≤0.3	1 ~ 2	0.88
3DU23	100	≥50			
3DU31	30	≥10			
3DU32	50	≥30	≤0.3	≥2	
3DU33	100	≥50			
3DU51	30	≥10	≤0.2	≥0.5	

1.3.8 光电耦合器件

把发光器件和光敏器件按照适当方式组合在一起，就可以实现以光为媒介的电信号的转换。这类组合器件统称为光电耦合器。光电耦合器按照结构的不同，大致分为光电隔离器、光传感器和光敏元件集成功能块三类。

光电隔离器由发光器件和光敏器件对置封装而成，主要用于电信号的耦合和传递，基本结构如图 1-8 所示。

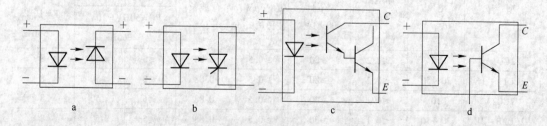

图 1-8　光电隔离器的四种类型

a—二极管型；b—晶闸管型；c—达林顿型；d—三极管型

光传感器的一个例子是槽型光电耦合器，结构如图 1-9 所示。它主要用于测量物体的有无、个数和移动距离等方面。

光敏集成功能块把发光器件、光敏器件和双极型集成电路组合在一起，如图 1-10 所示。其中 C 为控制信号，$C=0$ 时，输出与输入无关，$C=1$ 时，输出与输入反相。

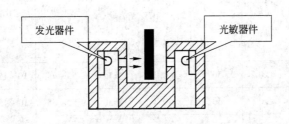

图 1-9　槽型光电耦合器示意图

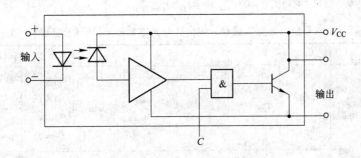

图 1-10　集成电路光电耦合器

部分输入为发光二极管，输出为光敏二极管的光电耦合器的参数如表 1-23 所示，部分输入为发光二极管，输出为光敏三极管的光电耦合器的参数如表 1-24 所示，部分输入为发光二极管，输出为达林顿三极管的光电耦合器的参数如表 1-25 所示。

表 1-23　部分输入为发光二极管，输出为光敏二极管的光电耦合器的参数

型　号	输　入　部　分			输　出　部　分　.			传　输　特　性		
	U_F/V　$I_F=10mA$	$I_R/\mu A$　$U_R=5V$	I_{FM}/mA	$I_D/\mu A$	U_{RM}/V　$I=0.1\mu A$	U_{BR}/V　$I=1\mu A$	传输比 $CTR/\%$　$I_F=10mA$　$U=U_R$	响应时间 t_r/ns　$U_R=10V$, $R_L=50\Omega$, $f=300Hz$	响应时间 t_f/ns
GH201A							0.2 ~ 0.5		
GH201B	≤1.3	≤20	50	≤0.1	30	≥100	0.5 ~ 1	≤5	≤50
GH201C							1 ~ 2		
GH201D							2 ~ 3		

注：1. U_F——正向压降；2. I_R——反向电流；3. I_{FM}——最大工作电流；4. I_D——暗电流；5. U_{RM}——最大反向工作电压；6. U_{BR}——反向击穿电压；7. 输入输出之间隔离阻抗为 $10^{10}\Omega$；8. 输入输出之间耐压为 1000V；9. 输入输出之间电容小于 1pF。

表 1-24 输入部分为发光二极管，输出部分为光敏三极管的光电耦合器的参数

型　号	输　入　部　分			输　出　部　分			传　输　特　性		
	U_F/V $I_F=10mA$	$I_R/\mu A$ $U_R=5V$	I_{FM}/mA	$I_{CEO}/\mu A$ $U_{CE}=10V$	$U_{(BR)CEO}/V$ $I_{CE}=1\mu A$	P_{CM}/mW	传输比 $CTR/\%$ $I_F=10mA$ $U_C=10V$	响应时间 $t_r/\mu s$ $U_R=10V,$ $R_L=50\Omega,$ $f=300Hz$	响应时间 $t_f/\mu s$
GH301A	≤1.3	≤20	50	≤0.1	≥15	50~75	10~150	≤3	≤3
GH301B	≤1.3	≤20	50	≤0.1	≥30	50~75	10~150	≤3	≤3
GH301C	≤1.3	≤20	50	≤0.1	≥50	50~75	10~150	≤3	≤3

注：1. U_F——正向压降；2. I_R——反向电流；3. I_{FM}——最大工作电流；4. I_{CEO}——暗电流；5. $U_{(BR)CEO}$——击穿电压；6. P_{CM}——最大耗散功率；7. CE 之间最大饱和压降不大于 0.4V；8. 输入输出之间隔离阻抗为 $10^{10}\Omega$；9. 输入输出之间耐压为 1000V；10. 输入输出之间电容小于 1pF。

表 1-25 输入部分为发光二极管，输出部分为达林顿三极管的光电耦合器的参数

型　号	输　入　部　分			输　出　部　分			传　输　特　性		
	U_F/V $I_F=10mA$	$I_R/\mu A$ $U_R=5V$	I_{FM}/mA	$I_{CEO}/\mu A$ $U_{CE}=5V$	$U_{(BR)CEO}/V$ $I_{CE}=50\mu A$	P_{CM}/mW	传输比 $CTR/\%$ $I_F=5mA$ $U_C=5V$	响应时间 $t_r/\mu s$ $U_R=10V,$ $R_L=50\Omega$	响应时间 $t_f/\mu s$ $I_F=10mA$ $\tau=0.5ms$
GH331A	≤1.3	≤10	40	≤1	≥15	75	100~500	≤50	≤50
GH331B	≤1.3	≤10	40	≤1	≥15	75	100~500	≤50	≤50
GH332A	≤1.3	≤10	40	≤1	≥30	75	100~500	≤50	≤50
GH332B	≤1.3	≤10	40	≤1	≥30	75	100~500	≤50	≤50

注：1. U_F——正向压降；2. I_R——反向电流；3. I_{FM}——最大工作电流；4. I_{CEO}——暗电流；5. $U_{(BR)CEO}$——击穿电压；6. P_{CM}——最大耗散功率；7. CE 之间最大饱和压降不大于 1.5V；8. 输入输出之间隔离阻抗为 $10^{10}\Omega$；9. 输入输出之间耐压为 1000V；10. 输入输出之间电容小于 1pF。

1.3.9 二极管的检测

判别二极管的管脚和类型，万用表测量电阻时共有 $R\times1$、$R\times10$、$R\times100$、$R\times1k\Omega$ 和 $R\times10k\Omega$ 五挡。由于 $R\times10k\Omega$ 的表内电压源约为 15V，采用该挡测试二极管，容易击穿管子；$R\times1\Omega$ 挡电流太大，容易烧坏管子。因此测试小功率晶体管时，一般选用 $R\times100$ 或 $R\times1k\Omega$ 挡为宜。

判别二极管的管脚时，将万用表置于电阻挡，当黑表笔（表内电源正极）接二极管阳极，红表笔（表内电源负正极）接二极管阴极时，三极管正向导通，正向电阻较低，约为几百欧；否则二极管反向截止，其反向电阻约几百千欧。根据二次测量的电阻值，即可以判断二极管的极性。测试中如果正反向电阻接近相等，说明二极管已被击穿；测试中如果正反向电阻都很小，说明二极管内部短路，一般正反向电阻差值越大越好。

1.4 半导体三极管

1.4.1 半导体三极管的结构及特点

半导体三极管由两个 PN 结构成，一共有硅材料 NPN 型、硅材料 PNP 型、锗材料 NPN 型和锗材料 PNP 型四种类型。其内部结构的一般规律是：发射区杂质的掺杂浓度较高；基区较薄；集电区面积较广。

如果外加电压使得三极管的发射结正向偏置，集电结反向偏置，则可以将 CE 之间看作是一个受电流控制的电流源，即在一定范围内集电极电流：$i_C = \beta i_B$。利用三极管的这个特性，可以构成各种各样的放大电路。

如果外加电压 $u_{BE} < 0.5V$（硅管），则三极管基极电流 $i_B = 0$，集电极电流 $i_C \approx 0$。三极管 CE 之间相当于一个断开的开关；如果改变外加电压使得 $i_B \geq I_{BS}$，则三极管 CE 之间只有很低的饱和压降（不大于 $0.3V$），忽略此压降时，三极管 CE 之间相当于一个闭合的开关。其中

$$I_{BS} = I_{CS}/\beta = V_{CC}/\beta R_C$$

利用三极管的上述开关特性，同样可以构成各种各样的门电路。

1.4.2 三极管的主要参数

描述三极管特性的参数繁多，大致分为极限参数、直流参数和交流参数三类。不同类型三极管的参数参见表 1-26 ~ 表 1-34。

表 1-26　3AX 低频小功率锗管及其他同类型锗管

新型号	旧型号	极 限 参 数				直 流 参 数			交 流 参 数	
		P_{CM} /W	I_{CM} /mA	BU_{CBO}/V	BU_{CEO}/V	I_{CBO} /μA	I_{CEO} /mA	h_{FE}/β	U_{CES}/V	f_β /kHz
3AX31M		125	125	6	15	≤25	≤1	80 ~ 400		
3AX31MA	3AX71A			12	20	≤20	≤0.8			
3AX31B	3AX71B			18	30	≤12	≤0.6	40 ~ 180		
3AX31C	3AX71C			24	40	≤6	≤0.4			
3AX31D	3AX71D	125	125	20	12	≤12	≤0.6			≥8
3AX31E	3AX71E		30							≥8
3AX31C										≥8
3AX81A		200	200	20	10	≤30	≤1			≥6
3AX81B				30	15	≤15	≤0.7			≥8
3AX55M				12	12	≤80	≤1.2			
3AX55A	3AX61	500	500	20	20	≤80	≤1.2	30 ~ 150		≥6
3AX55B	3AX62			30	30	≤80	≤1.2			
3AX55C	3AX63			45	45	≤80	≤1.2			

表 1-27 3DX 低频小功率硅管及其他同类型硅管（NPN 型）

新型号	旧型号	极 限 参 数				直 流 参 数			交流参数
		P_{CM}/W	I_{CM}/mA	BU_{CBO}/V	BU_{CEO}/V	I_{CEO}/μA	I_{CBO}/μA	h_{FE}/β	f_T/MHz
3DX101	3DX4A			$\geqslant$10	$\geqslant$10				
3DX102	3DX4B			$\geqslant$20	$\geqslant$10				
3DX103	3DX4C			$\geqslant$30	$\geqslant$10				
3DX104	3DX4D	300	50	$\geqslant$40	$\geqslant$30	$\leqslant$1		$\geqslant$9	$\geqslant$200
3DX105	3DX4E			$\geqslant$50	$\geqslant$40				
3DX106	3DX4F			$\geqslant$70	$\geqslant$60				
3DX107	3DX4G			$\geqslant$80	$\geqslant$70				
3DX108	3DX4H			$\geqslant$100	$\geqslant$80				
测试条件				$I_C=50\mu A$		$U_{CB}=20V$		$U_{CE}=5V$ $I_C=5mA$	$U_{CE}=5V$ $I_C=5mA$
3DX203A	—			$\geqslant$150	$\geqslant$15			55~400	
3DX203B	—	700	700	$\geqslant$200	$\geqslant$25	$\leqslant$5	$\leqslant$20	55~400	
3DX204A	—			$\geqslant$250	$\geqslant$15			55~400	
3DX204B	—			$\geqslant$300	$\geqslant$25			55~400	
测试条件		$T_C=75℃$		$I_C=5mA$	$I_E=5mA$	$U_{CB}=10V$	$U_{CE}=10V$	$U_{CE}=1V$ $I_C=0.1A$	

表 1-28 3AD 低频小功率锗管及其他同类型锗管（PNP 型）

新型号	旧型号	极 限 参 数				直 流 参 数				交流参数
		P_{CM}/W	I_{CM}/mA	BU_{CBO}/V	BU_{CEO}/V	I_{CBO}/mA	I_{CEO}/mA	h_{FE}/β	U_{CES}/V	f_T/kHz
3AD50A	3AD6A			50	18				0.6	
3AD50B	3AD6B	10	3	60	24	0.3	2.5	20~140	0.8	4
3AD50C	3AD6C			70	30				0.8	
3AD52A	3AD1 3AD2 3AD3	10	2	50	18	0.3	2.5	20~140	0.35	4
3AD52B				60	24				0.5	
3AD52C	3AD4，5			70	30				0.5	
3AD56A	3AD18A			30	60				0.7	
3AD56B	3AD18B	50	15	45	80	0.8	15	20~140	1	3
3AD56C	3AD18 C，D，E			76	100				1	
3AD57A	3AD725A			30	60				1.2	
3AD57B	3AD725B	100	30	45	80	1.2	20	20~140	1.2	3
3AD57C	3AD57C			60	100					

20

表 1-29　**3DD 低频大功率硅管及其他同类型硅管**（NPN 型）

新型号	旧型号	极限参数				直流参数			交流参数
		P_{CM}/W	I_{CM}/mA	BU_{CBO}/V	BU_{CEO}/V	I_{CBO}/mA	V_{CES}/V	h_{FE}/β	f_T/MHz
3DD59A	3DD5A			≥30					
3DD59B	3DD5B DD11A			≥50					
3DD59C	3DD5C	25	5	≥80	≥3	≤1.5	≤1.2	≥10	
3DD59D	3DD5D DD11B			≥110					
3DD59E	3DD5E DD11C			≥150					
测试条件		$T_C=75℃$		$I_C=5mA$	$I_E=10mA$	$U_{CE}=20V$	$I_C=1.25mA$ $I_B=0.25mA$	$U_{CE}=5V$ $I_C=1.25mA$	
3DD101A	3DD12A			≥150	≥100		≤0.8		
3DD101B	3DD15C			≥200	≥150		≤0.8		
3DD101C	3DD03C	50	5	≥250	≥200	≤2	≤1.5	≥20	≥1
3DD101D	3DD15D			≥300	≥250		≤1.5		
3DD101E	3DD15 E～G			≥350	≥300		≤1.5		
测试条件		$T_C=75℃$		$I_C=5mA$	$I_E=5mA$	$U_{CE}=50V$	$I_C=2.5A$ $I_B=0.25A$	$U_{CE}=5V$ $I_C=2A$	$U_{CE}=12V$ $I_C=0.5A$

表 1-30　**3AG 高频小功率锗管及其他同类型锗管**

参数 型号	P_{CM}/mW	I_{CM}/mA	$U_{(BR)CEO}$/V	I_{CEO}/μA	h_{FE}/β	f_T/MHz
3AG1	50	10	−10		20～230	≥20
3AG2	50	10	−10	≤7	30～220	≥40
3AG3	50	10	−10		30～220	≥60
3AG4	50	10	−10		30～220	≥80

表 1-31　**3DG 高频小功率硅管及其他同类型硅管**（NPN 型）

新型号	旧型号	极限参数				直流参数			交流参数
		P_{CM}/mW	I_{CM}/mA	BU_{CBO}/V	BU_{CEO}/V	I_{CBO}/μA	I_{CEO}/μA	h_{FE}/β	f_T/MHz
3DG100M	3DG6A			20	15			25～270	≥150
3DG100A	3DG6A			30	20			≥30	≥150
3DG100B	3DG6B	100	20	40	30	≤0.01	≤0.01	≥30	≥150
3DG100C	3DG6C			30	20			≥30	≥300
3DG100D	3DG6D			40	30			≥30	≥300

新型号	旧型号	极限参数				直流参数			交流参数
		P_{CM}/mW	I_{CM}/mA	BU_{CBO}/V	BU_{CEO}/V	I_{CBO}/μA	I_{CEO}/μA	h_{FE}/β	f_T/MHz
3DG103M	—	100	20	≥15	≥12	≤0.1	≤0.1	25~270	≥500
3DG103A	3DG11A，B			≥20	≥15			≥30	≥500
3DG103B	3DG104B			≥40	≥30			≥30	≥500
3DG103C	3DG104C			≥20	≥15			≥30	≥700
3DG103D	3DG104D			≥40	≥30			≥30	≥700
测试条件		$I_C=100$μA	$I_C=100$μA	$U_{CB}=10$V	$U_{CE}=10$V	$U_{CE}=10$V $I_C=30$mA			$U_{CE}=10$V $I_E=3$mA $f_T=100$MHz
3DG121M	—	500	100	≥30	≥20	≤0.1	≤0.2	25~270	≥150
3DG121A	3DG5A			≥40	≥30			≥30	≥150
3DG121B	3DG7C			≥60	≥45			≥30	≥150
3DG121C	3DG5C~F			≥40	≥30			≥30	≥300
3DG121D	3DG7B，D			≥60	≥45			≥30	≥300
测试条件		$I_C=100$μA	$I_C=100$μA	$U_{CB}=10$V	$U_{CE}=10$V	$U_{CE}=10$V $I_C=30$mA			$U_{CE}=10$V $I_E=30$mA $f_T=100$MHz
3DG130M	—	700	300	≥30	≥20	≤1	≤5	25~270	≥150
3DG130A	—			≥40	≥30	≤0.5	≤1	≥30	≥150
3DG130B	—			≥60	≥45	≤0.5	≤1	≥30	≥150
3DG130C	—			≥40	≥30	≤0.5	≤1	≥30	≥300
3DG130D	—			≥60	≥45	≤0.5	≤1	≥30	≥300
测试条件		$I_C=100$μA	$I_C=100$μA	$U_{CB}=10$V	$U_{CE}=10$V	$U_{CE}=10$V $I_C=50$mA			$U_{CE}=10$V $I_E=50$mA $f_T=100$MHz

表 1-32 3DK 硅开关管及其他同类型硅管（NPN 型）

型号	直流参数			交流参数	开关参数		极限参数				
	I_{CBO}/μA	I_{CEO}/μA	h_{FE}/β	f_T/MHz	t_{ON}/ns	t_{OFF}/ns	BU_{CBO}/V	BU_{CEO}/V	P_{CM}/W	I_{CM}/mA	T_{fm}/℃
3DK1A	≤0.1		30~200	≥200	≤20	≤30	≥30	≥20	100	30	175
3DK1B	≤0.1		30~200		≤40	≤60	≥30	≥20			
3DK1C	≤0.1		30~200		≤60	≤80	≥30	≥20			
3DK1D	≤0.5		≥10		≤20	≤30	≥30	≥15			
3DK1E	≤0.5		≥10		≤40	≤60	≥30	≥15			
3DK1F	≤0.5		≥10		≤60	≤80	≥30	≥15			
测试条件	$U_{CB}=10$V	$U_{CE}=10$V	$U_C=1$V $I_C=10$mA	$f_T=30$MHz $U_{CE}=1$V $I_C=10$mA			$I_C=100$μA	$I_C=200$μA	$I_E=100$μA		

注：表中 I_{CEO} 列数值 0.5 位于 3DK1D 行。

22

型　号	直流参数			交流参数	开关参数		极　限　参　数				
	$I_{CBO}/\mu A$	$I_{CEO}/\mu A$	$h_{FE}/\bar{\beta}$	f_T/MHz	t_{ON}/ns	t_{OFF}/ns	BU_{CBO}/V	BU_{CEO}/V	P_{CM}/W	I_{CM}/mA	$T_{fm}/℃$
3DK7	≤1	≤1	20～150	≥150	≤50	≤80			≥4	30	150
3DK7A	≤0.1	≤0.1		≥120	65	<180					
3DK7B	≤0.1	≤0.1		≥120	65	<180					
3DK7C	≤0.1	≤0.1	20～200	≥120	45	<130	≥25	≥15	>5	50	175
3DK7D	≤0.1	≤0.1		≥120	45	90					
3DK7E	≤0.1	≤0.1		≥120	45	60					
3DK7F	≤0.1	≤0.1		≥120	45	40					
测试条件	$U_{CB}=10V$	$U_{CE}=10V$	$U_{CE}=1V$ $I_C=10mA$		$I_C=10mA$ $I_{B1}=1mA$ $I_{B2}=2mA$	$I_C=10mA$ $I_{B1}=I_{B2}=10mA$	$I_C=10\mu A$	$I_C=10\mu A$		$I_E=10\mu A$	

表 1-33　部分国外三极管主要参数

型　号	管型	$U_{(BR)EBO}/V$	$U_{(BR)CEO}/V$	H_{EF}	I_{CM}/mA	P_{CM}/mW	F_T/MHz	$I_{CBO}/\mu A$	最高结温 T_j
KTC8050C	NPN	5	30	100～200	800	625	120	0.05	150
KTC8050D	NPN	5	30	150～300	800	625	120	0.05	150
KTC8550C	PNP	−5	−30	100～200	−800	625	120	−0.05	150
KTC8550D	PNP	−5	−30	150～300	−800	625	120	−0.05	150
KTC9011E	NPN	5	30	40～59	50	625	100～400	<0.1	150
KTC9011F	NPN	5	30	54～80	50	625	100～400	<0.1	150
KTC9011G	NPN	5	30	72～108	50	625	100～400	<0.1	150
KTC9011H	NPN	5	30	97～146	50	625	100～400	<0.1	150
KTC9011I	NPN	5	30	132～198	50	625	100～400	<0.1	150
KTC9012D	PNP	−5	−30	64～91	−500	625	150	>−0.1	150
KTC9012E	PNP	−5	−30	78～112	−500	625	150	>−0.1	150
KTC9012F	PNP	−5	−30	96～135	−500	625	150	>−0.1	150
KTC9012G	PNP	−5	−30	118～160	−500	625	150	>−0.1	150
KTC9012H	PNP	−5	−30	144～202	−500	625	150	>−0.1	150
KTC9012I	PNP	−5	−30	176～246	−500	625	150	>−0.1	150
KTC9013D	NPN	5	30	64～91	500	625	>140	<0.1	150
KTC9013E	NPN	5	30	78～112	500	625	>140	<0.1	150
KTC9013F	NPN	5	30	96～135	500	625	>140	<0.1	150
KTC9013G	NPN	5	30	118～160	500	625	>140	<0.1	150
KTC9013H	NPN	5	30	144～202	500	625	>140	<0.1	150

型　号	管型	$U_{(BR)EBO}$ /V	$U_{(BR)CEO}$ /V	H_{EF}	I_{CM} /mA	P_{CM} /mW	F_T /MHz	I_{CBO} /μA	最高结温 T_j
KTC9013I	NPN	5	30	176~246	500	625	>140	<0.1	150
KTC9014A	NPN	5	50	60~150	150	625	60	0.05	150
KTC9014B	NPN	5	50	100~300	150	625	60	0.05	150
KTC9014C	NPN	5	50	200~600	150	625	60	0.05	150
KTC9014D	NPN	5	50	400~1000	150	625	60	0.05	150
KTC9015A	PNP	-5	-50	60~150	-150	625	60	0.05	150
KTC9015B	PNP	-5	-50	100~300	-150	625	60	0.05	150
KTC9015C	PNP	-5	-50	200~600	-150	625	60	0.05	150
KTC9016E	NPN	4	30	40~59	20	625	260	<0.1	150
KTC9016F	NPN	4	30	54~80	20	625	260	<0.1	150
KTC9016G	NPN	4	30	72~108	20	625	260	<0.1	150
KTC9016H	NPN	4	30	97~146	20	625	260	<0.1	150
KTC9016I	NPN	4	30	130~198	20	625	260	<0.1	150
KTC9018E	NPN	4	30	40~59	20	625	>500	<0.1	150
KTC9018F	NPN	4	30	54~80	20	625	>500	<0.1	150
KTC9018G	NPN	4	30	72~108	20	625	>500	<0.1	150
KTC9018H	NPN	4	30	97~146	20	625	>500	<0.1	150
KTC9018I	NPN	4	30	130~198	20	625	>500	<0.1	150

表 1-34　部分国外常用三极管参数一览表

型　号	类型	BV_{CEO}/V	I_M/A	P_{CM}/W	H_{FE}/β	f_T/MHz
2SD1425	NPN	600	2.5	80	>8	3
2SD1426	NPN	600	3.5	80	>8	3
2SD1427	NPN	600	5	80	>8	3
2SD1428	NPN	600	6	80	>8	3
2SD1403	NPN	800	6	120	>25	3
2SD870	NPN	600	5	50	>12	3
2SD951	NPN	1500	3	65		
BV406	NPN	400	7	60		10
BV406D	NPN	400	7	60		10
BV407	NPN	330	7	60		10
BV407D	NPN	330	7	60		10
BV408	NPN	400	7	60		10
BV408D	NPN	400		60		10
2SC2229	NPN	150	0.05	0.8	70	120

型 号	类 型	BV_{CEO}/V	I_M/A	P_{CM}/W	H_{FE}/β	f_T/MHz
2SC2230	NPN	160	0.1	0.8	120	50
2SC2231	NPN	100	0.2	1.2	40~200	50
2SC1815	NPN	50	0.15	0.4	250	8
2SC945	NPN	50	0.1	0.25	130~270	50
2SC541	NPN	30	1.0	7.0		465
2SB1109	PNP	150	0.1	1.25	140	
2SA940	PNP	150	1.5	1.5	70	4
2SA960	PNP	50	0.5	0.5	150	120
2SA1015	PNP	50	0.15	0.4	70	80
2N5410	PNP	150	0.6	0.31		100
2N5551	NPN	160	0.6	0.31	50	100

1.4.3 三极管的选管原则

（1）为了保证三极管工作在安全区，应选择满足下式的三极管：

$$i_C < I_{CM}; \quad P_C < P_{CM}; \quad u_{CE} < U_{(BR)CEO}$$

（2）当输入信号频率较高时，为了保证三极管良好的放大性能，应该选用高频管或者超高频管；如果用于开关电路，为了使管子有足够高的开关速度应该选用开关管。

（3）当要求反向电流小、允许结温高，并工作在温度变化大的环境中，则应选用硅管。要求导通压降小时，应该选用锗管。

（4）对于同种型号的三极管，应该优先选用反向电流小的管子，而且 β 值不宜太大，一般以几十至一百左右为宜。

1.4.4 三极管的检测

用万用表测试晶体管的方法：

（1）判别管子类型：三极管不管它是 NPN 型或是 PNP 型，都可看成两个 PN 节构成，根据 PN 节的单向导电性质：如 NPN 型管子，基-集、基-射正向导通电阻均很小，反向电阻则很大，若用黑表笔接基极 b，红表笔分别接其他两个管脚，如果电阻均很小，则为 NPN 型管；如果电阻均很大，则为 PNP 型管。

（2）判别基极 b：对 NPN 型管子，先假设某一管脚为基极 b，万用表拨在 $R \times 100\Omega$ 或 $R \times 1k\Omega$ 挡，黑表笔接该假设的基极 b，红表笔分别接其他两个管脚，如果电阻均很小（约几百欧），则假设的基极是正确的；若两次测得的电阻一大一小，则假设的基极 b 是错误的应重新假设基极，再次测量，直到找出正确的基极。对 PNP 型管子，红表笔接该假设的基极 b，黑表笔分别接其他两个管脚，如果电阻均很小（约几百欧），则假设的基极是正确的；否则应重新假设基极，再次测量，直到找出正确的基极。

（3）判别管子集电极：在已知管子类型及基极 b 的基础上，利用晶体管正向导通时电流放大系数比反向电流放大系数大的原理，测试时，假设某一管脚为集电极 c，用手将基极与假设的集电极捏紧，或用一个 100kΩ 的电阻接于基极与假设的集电极之间，黑表笔接集电极 c，红表笔接发射极 e，并读出电阻值；然后作相反的假设，再测量一次，比较两次测得的电阻值，所测得电阻值小的一次，假设的集电极是正确的，剩余的一管脚是发射极。对 PNP 型管子只需在测试时把上述情况的表笔对调即可。

（4）晶体管性能的判别。电流放大系数的估计，万用表拨在 $R \times 100$ 或 $R \times 1k\Omega$ 挡，测量晶体管的发射极与集电极间的电阻，记录读数，再用手将基极与假设的集电极捏紧（但二者不能相接触），观察表的指针摆动幅度，其幅度越大，电流放大系数越大。

穿透电流的估计，用万用表拨在 $R \times 100$ 或 $R \times 1k\Omega$ 挡，测量晶体管的发射极与集电极间的电阻，其电阻值：硅管在数兆欧以上，锗管在数千欧以上，说明管子穿透电流小。

1.5 场效应管

1.5.1 场效应管的结构及主要特点

场效应管分为结型和 MOS 型两个大类，其中 MOS 型有增强型和耗尽型两个类别，每个类型又有 N 沟和 P 沟之分，所以场效应管共有六个管型。它们的共同特点是输入电阻非常高（$10^8 \sim 10^{15}\Omega$），输入端基本上不取电流，是一种用输入信号电压来控制输出电流的电压控制器件；此外，场效应管内部只有多数载流子参与导电，所以它还具有噪声低，受温度、辐射影响小的特点，它的制造工艺简单，便于大规模集成，目前被广泛应用于集成电路中。

场效应管同样具有放大作用和开关作用，只是放大能力比双极型三极管差一些。

当场效应管应用于放大电路中时，要求外加电压满足下式

$$|u_{GS}| > |U_{GS(OFF)}| \quad |u_{GD}| < |U_{GS(OFF)}|$$

当场效应管应用于开关电路中时，如果

$$|u_{GS}| > |U_{GS(OFF)}| \quad |u_{GD}| > |U_{GS(OFF)}|$$

则场效应管工作在非饱和区，u_{DS} 很小，DS 之间如同一个闭合的开关。如果

$$|u_{GS}| < |U_{GS(OFF)}|$$

则场效应管工作在截止区，$i_D \approx 0$。DS 之间如同一个断开的开关。

1.5.2 场效应管主要参数

场效应管的电气参数有漏极饱和电流 I_{DSS}；夹断电压 $U_{GS(OFF)}$；开启电压 $U_{GS(TH)}$；栅极直流输入电阻 R_{GS}；低频跨导 g_m；最大漏极电流 I_{DSM}；最大耗散功率 P_{DM}；漏源击穿电压 $U_{(BR)DS}$；栅漏击穿电压 $U_{(BR)GS}$ 等，部分场效应管的主要参数参见表 1-35 和表 1-36。

表 1-35　部分 N 沟结型场效应管的主要参数

型　号	直 流 参 数			交 流 参 数		极 限 参 数			
	I_{DSS}/mA	U_P/V	R_{GS}/Ω	g_m/mS	f_m/MHz	BV_{DS}/V	BV_{GS}/V	P_{DM}/mW	I_{DM}/mA
3DJ2D ~ 2H 3DJ4D ~ 4H 3DJ6D ~ 6H	D: ≤0.35 E: 0.3 ~ 1.2 F: 1 ~ 3.5 G: 3 ~ 6.5 H: 6 ~ 10	<	−9		≥10^7	>2 >1	≥300	≥20	≥20	100	15
3DJ7G ~ 7J	D: ≤0.35 E: 0.3 ~ 1.2 F: 1 ~ 3.5 G: 3 ~ 11 H: 10 ~ 18 I: 17 ~ 25 J: 24 ~ 35	<	−9		≥10^7	>3	≥90	≥20	≥20	100	15
3DJ8F ~ 8K	F: 1 ~ 3.5 G: 3 ~ 11 H: 10 ~ 18 I: 17 ~ 25 J: 24 ~ 35 K: 34 ~ 70	<	−9		≥10^7	>6	≥90	≥20	≥20	100	15

表 1-36　部分 N 沟耗尽型场效应管的主要参数

型　号	直 流 参 数			交 流 参 数		极 限 参 数			
	I_{DSS}/mA	U_P/V	R_{GS}/Ω	g_m/mS	f_m/MHz	BV_{DS}/V	BV_{GS}/V	P_{DM}/mW	I_{DM}/mA
3DO1D ~ 1H	D: ≤0.35 E: 0.3 ~ 1.2 F: 1 ~ 3.5 G: 3 ~ 6.5 H: 6 ~ 10	<	−9		≥10^9	>1	≥90	20	40	100	15
3DO4D ~ 4H	D: ≤0.35 E: 0.3 ~ 1.2 F: 1 ~ 3.5 G: 3 ~ 6.5 H: 6 ~ 10.5	<	−9		≥10^9	>2	≥300	20	25	100	15
3DO2E ~ 2H	E: <1.2 F: 1 ~ 3.5 G: 3 ~ 11 H: 10 ~ 25	<	−9		≥10^9	>4	≥1000	12	25	100	15

1.5.3 场效应管选管原则和注意事项

选择场效应管的原则及注意事项包括：

（1）在要求输入电阻高，或者只允许从信号源吸取极小电流的高精度放大器，应该选用场效应管作为放大元件。

（2）在易受外界辐射、温度影响的环境中工作的仪器放大器，应该选用场效应管作为放大元件。

（3）在构成低噪声、高稳定度的线性放大器时，应该选用场效应管作为放大元件。

（4）在选择场效应管具体型号时，应该满足下列要求

$$i_D < I_{DM} \quad u_{DS} < U_{(BR)DS} \quad p_D < P_{DM}$$

（5）场效应管的源极和漏极结构对称，可以互换使用（出产时，已将源极和衬底连在一起的 MOS 管不能互换）。

（6）使用场效应管时，各极电源极性应该按照规定极性接入。场效应管各极电源极性如表 1-37 所示。

表 1-37　场效应管各极电源极性

类　型	u_{GS}	u_{DS}
N 沟道 JFET	负	正
P 沟道 JFET	正	负
增强型 NMOS 管	正	正
增强型 PMOS 管	负	负
耗尽型 NMOS 管	正、零、负	正
耗尽型 PMOS 管	正、零、负	负

1.5.4 场效应管的检测

结型场效应管与 MOS 管的区别：用万用表 $R \times 100$ 或 $R \times 1k\Omega$ 挡测量 G、S 管脚间电阻，阻值很大时为 MOS 管；若阻值为 PN 结正反向电阻时，则是场效应管。

管脚识别：对结型场效应管，任意选两管脚测量，正反向电阻相同时，这两脚应为 D、S，另一管脚为 G。MOS 管因测量时易损坏，一般通过查手册来判别管脚。

1.6 集成运算放大器

1.6.1 集成运算放大器的性能特点

集成运算放大器是采用直接耦合方式的多级放大器，它开环差模电压增益高（可达数十万倍以上），差模输入电阻高（一般大于 $1M\Omega$），输出电阻低（几十至几百欧姆），电压传输特性近乎理想。集成运算放大器分为通用型和专用型两大类。一般通用型集成运算放大器价格便宜，货源充足，所以应用十分普遍。专用型集成运算放大器是为某些特殊要求而专门设计的，市场不易购买，需要到生产厂家订购。

1.6.2 集成运算放大器的参数

集成运算放大器型号的组成和参数参见表1-38和表1-39。

表1-38 常用集成电路型号组成

第一部分		第二部分		第三部分		第四部分	
用汉语拼音字母表示电路的类型		用阿拉伯数字表示电路的系列和品种序号		用汉语拼音字母表示电路的规格		用汉语拼音字母表示电路的封装	
符号	意义	符号	意义	符号	意义	符号	意义
T	TTL	001	由有关工业部门制定的电路的系列和品种中所规定的电路品种	A	每个电路品种的主要电参数分挡	A	陶瓷扁平
H	HTL	:		B		B	塑料扁平
E	ECL	999		C		C	陶瓷双列
I	IIL			:		D	塑料双列
P	PMOS					Y	金属圆壳
N	NMOS					F	F型
C	CMOS					:	
F	线性放大器						
W	集成稳压器						
J	接口电路						
:							

示例（1）

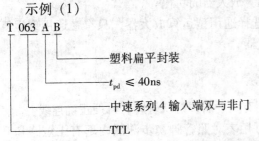

示例（2）

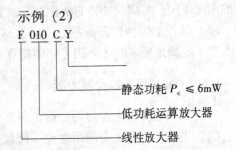

表1-39 部分集成运算放大器的参数

类 型			通用	低功耗	高阻	高速	高精度	高压
国内外型号			F007 μA741	F3078 CA3078	F3140 CA3140	CF715 μA715	CF725 μA725	F143 LM143
参 数								
差模开环增益	A_{od}	dB	≥86~94	100	100	90	130	105
共模抑制比	K_{CMRR}	dB	≥70~80	115	90	92	120	90
差模输入电阻	r_{id}	MΩ	1	0.87	1.5×10^6	1.0	1.5	
输入失调电压	U_{IO}	mV	≤2~10	0.7	5	2.0	0.5	2.0
静态功耗	P_c	mW	≤120	0.24	120	165	80	
电源电压范围	U_{CC}	V	±9~±18	±6	±15	±15	±15	±28
最大输出电压	U_{OM}	V	±12	±5.3	+13~ -14.4	±13	±13.5	±25
共模输入电压范围	U_{icM}	V	±12	+5.8~ -5.5	+12.5~ -14.5	±12	±14	26
差模输入电压范围	U_{idM}	V	±30	±6	±8	±15	±5	80
转换速率	S_R	V/μs	0.5	1.5	9	100		2.5

29

1.6.3　集成运算放大器的选择

通常情况下，在设计集成运算放大器应用电路时，没有必要研究运算放大器内部电路，而是根据设计需要寻找具有相应性能指标的芯片。因此了解运算放大器的类型，理解运算放大器性能指标的物理意义，是正确选择运算放大器的前提，应根据以下几方面的要求选择运算放大器。

（1）根据信号源是电压源还是电流源、内阻大小、输入信号的幅值及频率的变化范围等，选择运算放大器的差模输入电阻 r_{id}、$-3dB$ 带宽（或者单位增益带宽）、转换速率 S_R 等指标参数。

（2）根据负载电阻的大小，确定所需运算放大器的输出电压和输出电流的幅值。对于容性负载和感性负载，还要考虑它们对频率参数的影响。

（3）根据对模拟信号的放大、运算等提出的精度要求，选择开环差模电压增益失调电压失调电流等指标；根据对模拟信号进行电压比较提出的响应时间、灵敏度等要求，选择转换速率 S_R 等技术指标。

（4）根据环境温度的变化范围，选择运算放大器的失调电压及失调电流的温漂 dU_{IO}/dT、dI_{IO}/dT 等参数；根据所能提供的电源（有些情况下只能提供干电池）选择运算放大器的电源电压；根据对功耗有无限制，选择运算放大器的功耗等。

（5）从性能价格比方面考虑，应该尽量选择通用型运算放大器，只有在通用型运算放大器不能满足要求时才采用专用型运算放大器。

1.6.4　集成运算放大器的测试

（1）集成运算放大器使用之前，应该查阅有关手册，辨认管脚，以便正确连线。

（2）集成运算放大器使用之前，应该用万用表对照管脚初步测试内部有无短路和开路现象，判断其好坏。必要时还可以采用测试设备量测运放的主要参数。

（3）集成运算放大器加入输入信号之前，应该调零或者调整偏置电压。对于内部无自动稳零措施的运算放大器需要外加调零电路，使之在零输入时输出为零。对于单电源供电的运算放大器，有时需要在输入端加直流偏置电压，设置合适的静态输出电压，以便于能放大正、负两个方向变化的信号。

1.7　三端集成稳压器

1.7.1　三端集成稳压器的性能特点

三端集成稳压器分为输出电压为额定值的固定式三端集成稳压器和输出电压可调的可调式三端集成稳压器两个类型。

目前应用最多的固定式三端稳压器是 78×× 系列和 79×× 系列稳压器，它有输入端、输出端和公共端三只引出管脚，其内部电路采用线性串联型稳压线路，同时设置了限流保护和过热保护环节，输出交流噪声小，温度稳定性好，而且价格便宜。

78×× 系列稳压器输出为正电压，末尾两位数字表示输出稳定电压的数值，分别为 5V、6V、9V、12V、15V、18V 和 24V 七个挡级；79×× 系列稳压器的最大输出电流分为三挡：78××系列最大输出电流可达1.5A；78M××系列最大输出电流为0.5A；78L××系列最大输出电流可达0.1A；最大输入电压为35V，但是输入输出之间的电位差大于3V稳压器即可以正常工作。使用时应该接入规定的散热器。79××系列稳压器除了输出电压为负电压之外，其余输出电压和输出电流均与末尾数字相同的78××系列一样。

78××固定式三端稳压器的外形如图1-11a、图1-11b所示。

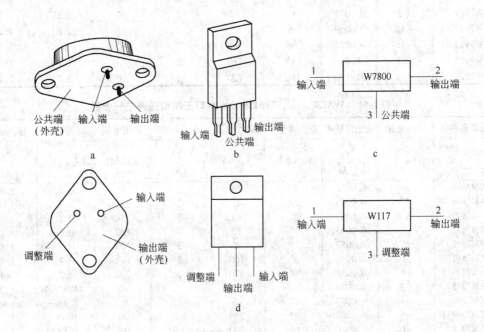

图 1-11　三端稳压器外观及符号

a—固定式金属封装；b—固定式塑料封装；c—固定式稳压器符号；d—可调式稳压器外观及符号

1. 7. 2　W78××、W79××系列三端稳压器电气参数

W78××、W79××系列三端稳压器电气参数如表1-40所示。

W78M××、W79M××系列三端稳压器电气参数如表1-41所示。

W78L××、W79L××系列三端稳压器电气参数如表1-42所示。

表 1-40　W78××、W79××系列三端稳压器电气参数

参数名称	输出电压	电压调整率	电流调整率	噪声电压	最小压差	输出电阻	峰值电流	输出温漂
符号 型号	V_O/V	S_V /%·V^{-1}	S_I/mV 5mA≤I_O ≤1.5A	$V_N/\mu V$	V_I-V_O /V	$R_O/m\Omega$	I_{OM}/A	S_T /mV·℃$^{-1}$
W7805	5	0.0076	40	10	2	17	2.2	1.0
W7806	6	0.0086	43	10	2	17	2.2	1.0
W7809	9	0.0098	50	10	2	18	22	1.2
W7812	12	0.008	52	10	2	18	2.2	1.2
W7815	15	0.0066	52	10	2	19	22	1.5
W7818	18	0.01	55	10	2	19	2.2	1.8
W7824	24	0.011	60	10	2	20	2.2	2.4
W7905	-5	0.0076	11	40	2	16	2.2	1.0

参数名称	输出电压	电压调整率	电流调整率	噪声电压	最小压差	输出电阻	峰值电流	输出温漂
符号 型号	V_O/V	S_V /% · V^{-1}	S_I/mV 5mA≤I_O ≤1.5A	V_N/μV	$V_I - V_O$ /V	R_O/mΩ	I_{OM}/A	S_T /mV · ℃$^{-1}$
W7906	−6	0.086	13	45	2	20	2.2	1.0
W7909	−9	0.0091	30	52	2	26	2.2	1.2
W7912	−12	0.0069	46	75	2	33	2.2	1.2
W7915	−15	0.0073	68	90	2	40	22	1.5
W7918	−18	0.01	110	110	2	46	2.2	1.8
W7924	−24	0.011	150	170	2	60	2.2	2.4

表1-41 WM78××、WM79××系列三端稳压器电气参数

参数名称	输出电压	电压调整率	电流调整率	噪声电压	最小压差	输出电阻	峰值电流	输出温漂
符号 型号	V_O/V	S_V /% · V^{-1}	S_I/mV 5mA≤I_O ≤1.5A	V_N/μV	$V_I - V_O$ /V	R_O/mΩ	I_{OM}/A	S_T /mV · ℃$^{-1}$
WM7805	5	0.0032	20	40	2	40	0.7	1.0
WM7806	6	0.0048	20	45	2	50	0.7	1.0
WM7809	9	0.0061	25	65	2	70	0.7	1.2
WM7812	12	0.0043	25	75	2	100	0.7	1.2
WM7815	15	0.0053	25	90	2	120	0.7	1.5
WM7818	18	0.0046	30	100	2	140	0.7	1.8
WM7824	24	0.0037	30	170	2	200	0.7	2.4
WM7905	−5	0.0076	7.5	25	−2	40	0.65	1.0
WM7906	−6	0.0083	13	45	−2	50	0.65	1.0
WM7909	−9	0.0068	65	250	−2	70	0.65	1.2
WM7912	−12	0.0048	65	300	−2	100	0.65	1.2
WM7915	−15	0.0032	65	375	−2	120	0.65	1.5
WM7918	−18	0.0088	68	400	−2	140	0.65	1.8
WM7924	−24	0.0091	90	400	−2	200	0.65	2.4

表1-42 WL78××、WL79××系列三端稳压器电气参数

参数名称	输出电压	电压调整率	电流调整率	噪声电压	最小压差	输出电阻	峰值电流	输出温漂
符号 型号	V_O/V	S_V /% · V^{-1}	S_I/mV 5mA≤I_O ≤1.5A	V_N/μV	$V_I - V_O$ /V	R_O/mΩ	I_{OM}/A	S_T /mV · ℃$^{-1}$
WL7805	5	0.0084	11	40	1.7	85		1.0
WL7806	6	0.0053	13	50	1.7	100		1.0
WL7809	9	0.0061	100	65	1.7	150		1.2
WL7812	12	0.008	120	80	1.7	200		1.2
WL7815	15	0.0066	125	90	1.7	250		1.5
WL7818	18	0.02	130	150	1.7	300		1.8
WL7824	24	0.02	140	200	1.7	400		2.4
WL7905	−5		60	40	1.7	85		1.0
WL7906	−6		70	60	1.7	100		1.0
WL7909	−9		100	80	1.7	150		1.2
WL7912	−12		100	80	1.7	200		1.2
WL7915	−15		150	90	1.7	250		1.5
WL7918	−18		170	150	1.7	300		1.8
WL7924	−24		200	200	1.7	400		2.4

W117 系列（W117、W217、W317）构成一组输出正向电压可调式稳压；W137 系列（W137、W237、W337）构成一组输出负向电压可调式稳压电源。它们同样具有输入端、输出端和调整端三只引出管脚，内部电路采用线性串联型稳压线路。同样具有过热、过流和安全区保护。输出端和调整端之间接入必要的电阻 R 后，如图 1-12a 所示，输出恒定基准电压约 1.25V。调整端流出基本上恒定的微小电流，数值约为 50μA。接入如图 1-12b 所示电阻 R_1、R_2 后，输出电压由下式决定：

$$U_O = \left(1 + \frac{R_2}{R_1}\right) \times 1.25V$$

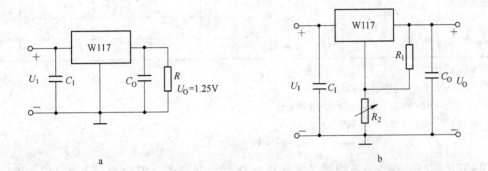

图 1-12　可调式三端稳压器 W117 构成的稳压电路
a—输出固定基准电压；b—输出可调电压

调整 R_2 的大小，即可以改变输出电压的数值。在保证输入输出之间的压差不低于 2V 的情况下，输出电压的调节范围可达 1.2～37V。输出电流最大值 W117、W217、W317 系列为 1.5A；WM117、WM217、WM317 系列为 1.0A；WL117、WL217、WL317 系列。为 0.5A。W117 系列稳压器性能指标参数，如表 1-43 所示。

表 1-43　**W117/W217/W317 电参数特性** $V_I - V_O = 5V$, $I_O = 500mA$

参数名称	符号	测 试 条 件	测试法	W117/W217			W317			单位
				最小值	典型值	最大值	最小值	典型值	最大值	
电压调整率	S_V	$3V \leq (V_i - V_o) \leq 40V$	$T_j = 25℃$		0.01	0.02		0.01	0.04	%/V
					0.02	0.05		0.02	0.07	
电流调整率	S_I	$V_o \geq 5V$	$T_j = 25℃$		0.1	0.3		0.1	0.5	%
		$10mA \leq I_o \leq 1.5A$			0.3	1		0.3	1.5	
调整端电流	I_{AIX}[①]				50	100		50	100	μA
调整端电流变化	ΔI_{AIX}	$2.5V \leq (V_i - V_o) \leq 40V$ $10mA \leq I_o \leq 1.5A$ $P_D \leq P_{max}$	$T_j = 25℃$		0.2	5		0.2	5	μA
基准电压	V_{REF}	$2.5V \leq (V_i - V_o) \leq 40V$ $10mA \leq I_o \leq 1.5A$ $P_D \leq P_{max}$	$T_j = 25℃$	1.20	1.25	1.30	1.20	1.25	1.30	V

参数名称	符号	测 试 条 件	测试法	W117/W217			W317			单位
				最小值	典型值	最大值	最小值	典型值	最大值	
最小负载电流	I_{min}	$(V_i - V_o) = 40V$			3.5	5		3.5	10	mA
纹波抑制比	S_{nip}①	$V_o = 10V$ $f = 100Hz$ $T_j = 25℃$	$C_{AIX} = 0$		65			65		dB
			$C_{AIX} \geqslant 10\mu F$	66	80		66	80		
输出电压温度变化率	S_T①				0.7			0.7		%/℃
最大输出电流	I_{OM}	$V_i - V_o \leqslant 15V$		1.5			1.5			A
		$V_i - V_o \leqslant 40V$			0.4			0.4		

① 为参考参数。

注：1. $T_j = 25℃$ 是采用脉冲测试法测试；

2. 测试和使用时，选择 $(V_i - V_o)$ 均应满足于 $(V_i - V_o)I_o \leqslant P_{max}$；

3. 加足够散热片时，F – 2 封装：$P_{max} \geqslant 15W$，

TO – 220 封装：$P_{max} \geqslant 7.5W$。

W137、W237、W337 系列除了输出电压极性为负之外，其余指标与 W117、W217、W317 系列基本相同。

1.8 数字集成电路

目前应用最多的数字集成电路是 TTL 和 CMOS 两大系列。

1.8.1 TTL 数字集成电路类别及电器特性

TTL 器件的典型特性如表 1-44 所示。

表 1-44 TTL 器件的典型特性

器件	参 数 名 称	测 试 条 件	CT1000	CT2000	CT3000	CT4000		说明
			74	74H	74S	74LS	74L	
门电路	高电平输入电压 V_m/V		≥2					
	低电平输入电压 V_{IL}/V		<0.8				≤0.7	
	高电平输出电压 V_{OH}/V	$V_{CC} = MIN$ $V_{IH} = 2V$ $I_{OH} = MAX$	≥2.4		≥2.7		≥2.4	
	低电平输出电压 V_{OL}/V	$V_{CC} = MIN$ $V_{IH} = 2V$ $I_{OL} = MAX$	≤0.4		≤0.5		≤0.4	
	每个门的静态功能/mW		10	22	19	2	1	不包括驱动器

器件	参数名称	测试条件	CT1000 74	CT2000 74H	CT3000 74S	CT4000 74LS	74L	说明
门电路	最大输入电压时的输入电流 I_I/mA	$V_I = 5.5\,V$	1	1	1		0.1	
		$V_I = 7\,V$				0.1		
	高电平输入电流 I_{IH}/μA	$V_{CC} = MAX$，$V_I = 2.4\,V$	40	50			10	
		$V_I = 2.7\,V$			50	20		
	低电平输入电流 I_{IL}/mA	$V_I = 0.3\,V$					−0.18	
		$V_I = 0.4\,V$	−1.6	−2		−0.4		
		$V_I = 0.5\,V$			−2			
	传输延迟时间 t_{rd}/ns		10	6	3	9.5	33	随 C_L 增大而增大
触发器	时钟输入频率/MHz		≤25	≤50	≤80	≤33	≤3	

TTL 数字集成电路分为 74/54 系列、74/54H 系列、74/54S 系列、74/54LS 系列、74/54AS 和 74/54ALS 等六个系列，TTL 器件具有以下特点：(1)输入端一般带有钳位二极管，减小了反射干扰的影响。(2)输出内阻低，增强了带容性负载的能力。(3)有较大的噪声容限。(4)采用 +5V 固定电源供电。为了正常发挥器件功能，一般应该使器件在推荐条件下工作。例如对于 74LS 系列器件，(1)供电电压范围应该在 +5 ±5% 之内。(2)环境温度在 0 ~ 70℃ 之间。(3)高电平输入电压 V_{IH} 不小于 2V，低电平输入电压 V_{IL} 不小于 0.8V。(4)输出电流应该小于最大推荐值。(5)对于一般门和触发器工作频率不应该超过 30MHz。TTL 系列数字集成电路电器特性如表 1-44 至表 1-46 所示。

表 1-45　部分门电路的电特性

类别	型号	参量		电源电流最大值/mA $V_{CC} = MAX$ $I_O = 0$	传输延迟时间/ns	
		参数 / 测试条件 功能名称			t_{PLH}	t_{PHL}
					$V_{CC} = 5\,V$ $T_A = 25℃$ $R_L = 2kΩ$ $C_L = 15pF$	
反向器	CT4004（74LS04）	六反向器		6.6	≤15	≤15
	CT4005（74LS05）	六反向器（OC）		6.6	≤32	≤28
	CT4014（74LS14）	六施密特反向器		21	≤22	≤22
与非门	CT4000（74LS00）	四 2 输入与非门		4.4	≤15	≤15
	CT4020（74LS20）	双 4 输入与非门		2.2	≤15	≤15
	CT4026（74LS26）	四 2 输入与非门（OC）		4.4	≤32	≤28

类别	型 号	参 量 参数 测试条件 功能名称	电源电流最大值/mA $V_{CC}=MAX$ $I_O=0$	传输延迟时间/ns $V_{CC}=5V$ $T_A=25℃$ $R_L=2k\Omega$ $C_L=15pF$ t_{PLH}	t_{PHL}
与门	CT4011（74LS11）	三3输入与门	6.6	≤15	≤20
	CT4015（74LS15）	三3输入与门（OC）	6.6	≤35	≤35
或非门	CT4027（74LS27）	三3输入或非门	6.8	≤15	≤15
异或门	CT4086（74LS86）	四2输入异或门	10	≤30	≤22
三态驱动器	CT4240（74LS240）	八反相三态输出缓冲器	50	14	18
	CT4244（74LS244）	八同相三态输出缓冲器	54	18	18

表 1-46　部分触发器、锁存器、单稳和计数器的特性

参 量 参数 条件 名称型号		高电平输入电流 I_{IH} 的最大值 /μA $V_{CC}=MAX$ $V_1=2.7V$			低电平输入电流 I_{IL} 的最大值 /mA $V_{CC}=MAX$ $V_I=0.4V$		
触发器	CT4074 （74LS74） 双D上升沿触发器	清除 40	预置 40	时钟 20	清除 0.8	预置 0.8	时钟 0.4
	CT4112 （74LS76） 双JK下降沿触发器	60	60	80	0.8	0.8	0.8
锁存器	CT4375 （74LS75） 4位D型锁存器	D 20	S 80		D 0.4	S 1.6	
单　稳	CT4221 （74LS221） 双单稳态触发器	$\overline{A}$ 20	B 20	清除 20	$\overline{A}$ 0.4	B 0.8	清除 0.8
计数器	CT4290 （74LS90） 2/5十进制计数器	$\overline{CP}_A$ 40	$\overline{CP}_B$ 80	R_0 20	$\overline{CP}_A$ 2.4	$\overline{CP}_B$ 3.2	R_0 0.4
	CT4293 （74LS93） 4位二进制计数器	40	40	20	2.4	1.6	0.2
	CT4190 （74LS190） 可预置的BCD同步加/减计数器	允许 60	其他输入 20		允许 1.2	其他输入 0.4	

参量	推荐值					传输延迟时间 最大值/ns			电源电流 /mA
	信号建立保持时间/ns		时钟频率 /MHz	脉冲宽度 /ns		t_{PHL}	t_{PLH}		
	t_{SET}	t_H				$R_L=2\text{k}\Omega$	$C_L=15\text{pF}$		$V_{CC}=\text{MAX}$ $I_L=0$
				清除 预置		清除 预置 时钟			平均值
触发器	≥25	≥5	≤25	≥25		40	25		≤8
	≥20	≥0	≤30	≥25		20	20		≤12
				S		$D{\to}Q$	$D{\to}Q$		$D=0$
锁存器	≥20	≥0		≥20		17	27		≤12
单稳				$\overline{A},B$ 清除			触发器		
				≥40			≤27		
			$\overline{CP}_A$	$\overline{CP}_B$	$\overline{CP}_A$ $\overline{CP}_B$		$R_0{\to}Q$		$Q=0$ 输入接地
计数器			≤32	≤16	≥15	≥30	40		≤15
			≤32	≤16	≥15	≥30	40		≤15
	数据	数据		置入		置入→Q			
	≥20	≥0	≤20	≥35		50	33		≤35

1.8.2 TTL 数字集成电路管脚及逻辑功能对照表

数字集成电路目前常用的是双列直插式封装，外观形状管脚号排列如图 1-44 所示。TTL 数字集成电路管脚及逻辑功能对照如表 1-47 所示。

表 1-47 TTL 数字集成电路型号功能管脚对照表

型号及功能	管 脚 图	说 明
74LS00：四 2 输入 与非门	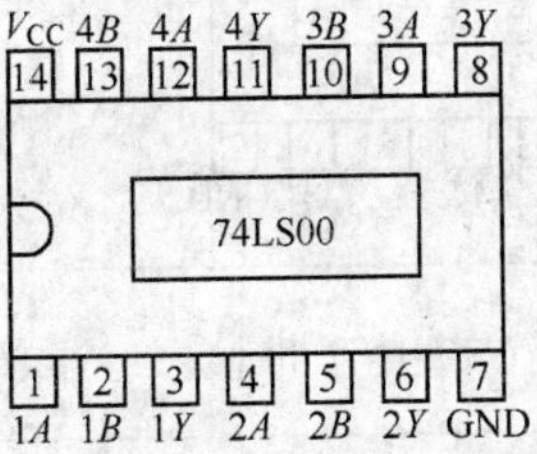 V_{CC} 4B 4A 4Y 3B 3A 3Y 14 13 12 11 10 9 8 **74LS00** 1 2 3 4 5 6 7 1A 1B 1Y 2A 2B 2Y GND	$Y=\overline{AB}$
74LS02	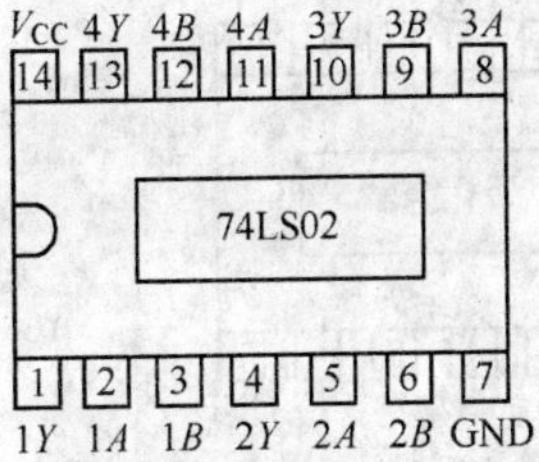 V_{CC} 4Y 4B 4A 3Y 3B 3A 14 13 12 11 10 9 8 **74LS02** 1 2 3 4 5 6 7 1Y 1A 1B 2Y 2A 2B GND	$Y=\overline{A+B}$

型号及功能	管 脚 图	说 明
74LS04：六反相器	V_{CC} 6A 6Y 5A 5Y 4A 4Y 14 13 12 11 10 9 8 74LS04 1 2 3 4 5 6 7 1A 1Y 2A 2Y 3A 3Y GND	$Y = \overline{A}$
74LS06：六反相缓冲/驱动(OC)	管脚位置与 74LS04 相同	$Y = \overline{A}$
74LS07：六缓冲/驱动(OC)	管脚位置与 74LS04 相同	$Y = A$
74LS08：四 2 输入与门	管脚位置与 74LS00 相同	$Y = AB$
74LS10：三 3 输入与非门	V_{CC} 1C 1Y 3C 3B 3A 3Y 14 13 12 11 10 9 8 74LS10 1 2 3 4 5 6 7 1A 1B 2A 2B 2C 2Y GND	$Y = \overline{ABC}$
74LS11：三输入与门	管脚位置与 74LS10 相同	$Y = ABC$
74LS20：双 4 输入与非门	V_{CC} 2D 2C NC 2B 2A 2Y 14 13 12 11 10 9 8 74LS20 1 2 3 4 5 6 7 1A 1B NC 1C 1D 1Y GND	$Y = \overline{ABCD}$
74LS21：双 4 输入与门	管脚位置与 74LS20 相同	$Y = ABCD$
74LS30：8 输入与非门	V_{CC} NC H G NC NC Y 14 13 12 11 10 9 8 74LS30 1 2 3 4 5 6 7 A B C D E F GND	$Y = \overline{ABCDEFGH}$

型号及功能	管 脚 图	说 明
74LS32：四 2 输入或门	管脚位置与 74LS00 相同	$Y = A + B$
74LS42：4 线～10 线译码器	V_{CC} A_0 A_1 A_2 A_3 Y_9 Y_8 Y_7 16 15 14 13 12 11 10 9 74LS42 1 2 3 4 5 6 7 8 Y_0 Y_1 Y_2 Y_3 Y_4 Y_5 Y_6 GND	BCD 输入
74LS47：4 线～7 线译码/驱动器（BCD 输入，开路输出）	V_{CC} f g a b c d e 16 15 14 13 12 11 10 9 74LS47 1 2 3 4 5 6 7 8 B C Y_2 Y_3 Y_4 D A GND	（1）输入 BCD 码的字母顺序为 $DCBA$ （2）$Y_2 = \overline{LT}$ $Y_3 = \overline{BI/RBO}$ $Y_4 = \overline{RBI}$
74LS48：4 线～7 线译码/驱动器（BCD 输入，上拉电阻）	管脚位置与 74LS47 相同	（1）输入 BCD 码的字母顺序为 $DCBA$ （2）$Y_2 = \overline{LT}$ $Y_3 = \overline{BI/RBO}$ $Y_4 = \overline{RBI}$
7451：双 2 路 2 − 2 输入与或非门	V_{CC} $1B$ NC NC $1D$ $1C$ $1Y$ 14 13 12 11 10 9 8 7451 1 2 3 4 5 6 7 $1A$ $2A$ $2B$ $2C$ $2D$ $2Y$ GND	$Y = \overline{AB + CD}$
74LS51：双 2 路 3 − 3、2 − 2 输入与或非门	V_{CC} $1B$ NC NC $1D$ $1C$ $1Y$ 14 13 12 11 10 9 8 74LS51 1 2 3 4 5 6 7 $1A$ $2A$ $2B$ $2C$ $2D$ $2Y$ GND	$1Y = \overline{1A \cdot 1B \cdot 1C + 1D \cdot 1E \cdot 1F}$ $2Y = \overline{2A \cdot 2B + 2C \cdot 2D}$

型号及功能	管　脚　图	说　明
74LS53：四路 2 - 2 - 2 - 2 输入与或非门（可以扩展）	V_{CC} B $\overline{EX}$ EX H G Y　14 13 12 11 10 9 8　74LS53　1 2 3 4 5 6 7　A C D E F NC GND	$Y = \overline{AB + CD + EF + GH + X}$
74LS54：四路 2 - 2 - 2 - 2 输入与或非门	V_{CC} B NC NC H G Y　14 13 12 11 10 9 8　74LS54　1 2 3 4 5 6 7　A C D E F NC GND	$Y = \overline{AB + CD + EF + GH}$
74LS55：2 路 4 - 4 输入与或非门	V_{CC} H G F E $\overline{EX}$ Y　14 13 12 11 10 9 8　74LS55　1 2 3 4 5 6 7　A B C D EX NC GND	$Y = \overline{ABCD + EFGH + X}$
7464：4 路 4 - 3 - 2 - 2 输入与或非门（OC）	V_{CC} G F E K J Y　14 13 12 11 10 9 8　7464　1 2 3 4 5 6 7　A B C D H I GND	$Y = \overline{ABCD + EFG + HI + JK}$
7472：与门输入主从 J-K 触发器（有预置和清除）	V_{CC} $\overline{S_D}$ CP K_3 K_2 K_1 Q　14 13 12 11 10 9 8　7472　1 2 3 4 5 6 7　NC $\overline{R_D}$ J_1 J_2 J_3 $\overline{Q}$ GND	当 $\overline{S_D} = \overline{R_D} = 1$ 时，$Q^{n+1} = J_1 J_2 J_3 \overline{Q^n} + \overline{K_1 K_2 K_3} Q^n$

40

型号及功能	管 脚 图	说 明
74LS73：双 J-K 触发器（带清除端）	$1J$ $1\bar{Q}$ $1Q$ GND $2K$ $2Q$ $2\bar{Q}$ 14 13 12 11 10 9 8 **74LS73** 1 2 3 4 5 6 7 $1CP$ $1\bar{R}_D$ $1K$ V_{CC} $2CP$ $2\bar{R}_D$ $2J$	当 $\bar{R}_D = 1$ 时： $Q^{n+1} = J\bar{Q}^n + \bar{K}Q^n$
74LS74：双上升沿 D 触发器（有预置端和清除端）	V_{CC} $2\bar{R}_D$ $2D$ $2CP$ $2\bar{S}_D$ $2Q$ $2\bar{Q}$ 14 13 12 11 10 9 8 **74LS74** 1 2 3 4 5 6 7 $1\bar{R}_D$ $1D$ $1CP$ $1\bar{S}_D$ $1Q$ $1\bar{Q}$ GND	当 $\bar{S}_D = \bar{R}_D = 1$ 时： $Q^{n+1} = D$
74LS75：4 位双稳态锁存器	GND $1Q$ $2Q$ $2\bar{Q}$ EN_A $3Q$ $3Q$ $4Q$ 16 15 14 13 12 11 10 9 **74LS75** 1 2 3 4 5 6 7 8 $1\bar{Q}$ $1D$ $2D$ EN_B $3D$ $4D$ $4\bar{Q}$ V_{CC}	
74LS85：4 位数值比较器	V_{CC} B_3 A_2 B_2 B_1 A_1 B_0 A_0 16 15 14 13 12 11 10 9 **74LS85** 1 2 3 4 5 6 7 8 A_3 I_3 I_2 I_1 Y_1 Y_2 Y_3 GND	$A = A_3A_2A_1A_0$；$B = B_3B_2B_1B_0$ 比较输出： $Y_1 = Y(A > B)$ $Y_2 = Y(A = B)$ $Y_3 = Y(A < B)$ 扩展输入： $I_1 = I(a > b)$ $I_2 = I(a = b)$ $I_3 = I(a < b)$
74LS86：四 2 输入异或门	管脚位置与 74LS00 相同	$Y = \bar{A}B + A\bar{B}$
74LS90：十进制计数器	CP_A NC Q_A Q_D GND Q_B Q_C 14 13 12 11 10 9 8 **74LS90** 1 2 3 4 5 6 7 CP_B R_{0A} R_{0B} NC V_{CC} S_{9A} S_{9B}	$CP = CP_A$，Q_A 输出，为一位二进制计数器； $CP = CP_B$，$Q_DQ_CQ_B$ 输出，为五进制计数器； $CP = CP_A$，$CP = CP_B$，$Q_DQ_CQ_BQ_A$ 输出，为 8421BCD 码十进制计数器

型号及功能	管脚图	说明
74LS93：4 位二进制计数器	CP_A NC Q_A Q_D GND Q_B Q_C 14 13 12 11 10 9 8 74LS93 1 2 3 4 5 6 7 CP_B R_{0A} R_{0B} NC V_{CC} NC NC	$CP = CP_A$，Q_A 输出，为一位二进制计数器； $CP = CP_B$，$Q_D Q_C Q_B$ 输出，为八进制计数器； $CP = CP_A$，$CP = CP_B$，$Q_D Q_C Q_B Q_A$ 输出，为 4 位二进制计数器
74107：双主从 JK 触发器 74LS107：双主从 JK 触发器	V_{CC} $1\overline{R}_D$ $1CP$ $2K$ $\overline{2R}_D$ $2CP$ $2J$ 14 13 12 11 10 9 8 74107 1 2 3 4 5 6 7 $1J$ $1\overline{Q}$ $1Q$ $1K$ $2Q$ $2\overline{Q}$ GND	
74LS112：双下降沿 JK 触发器	V_{CC} $1\overline{R}_D$ $2\overline{R}_D$ $2CP$ $2K$ $2J$ $\overline{2S}_D$ $2Q$ 16 15 14 13 12 11 10 9 74LS112 1 2 3 4 5 6 7 8 $1CP$ $1K$ $1J$ $\overline{1S_D}$ $1Q$ $1\overline{Q}$ $2\overline{Q}$ GND	
74LS123：双可重复触发单稳态触发器（有正负输入，直接清除）	V_{CC} $1C_{EXT}$ $1Q$ $2\overline{Q}$ $\overline{2R}_D$ $2B$ $\overline{2A}$ 16 15 14 13 12 11 10 9 $1R_{EXT}/C_{EXT}$ 74LS123 $2R_{EXT}/C_{EXT}$ 1 2 3 4 5 6 7 8 $\overline{1A}$ $1B$ $\overline{1R}_D$ $1Q$ $2Q$ $\vert$ GND $2C_{EXT}$	
74LS125：四总线缓冲器（三态输出）	V_{CC} $\overline{4G}$ $4A$ $4Y$ $\overline{3G}$ $3A$ $3Y$ 14 13 12 11 10 9 8 74LS125 1 2 3 4 5 6 7 $\overline{1G}$ $1A$ $1Y$ $\overline{2G}$ $2A$ $2Y$ GND	$Y = A$（$\overline{G}$ 为高电平时，输出禁止）

型号及功能	管 脚 图	说 明
74LS133：13 输入与非门	V_{CC} M L K J I H Y 16 15 14 13 12 11 10 9 74LS133 1 2 3 4 5 6 7 8 A B C D E F G GND	$Y = \overline{ABCDEFGHIJKLM}$
74LS138：3 线 ~ 8 线译码器/多路分配器	V_{CC} $\overline{Y_0}$ $\overline{Y_1}$ $\overline{Y_2}$ $\overline{Y_3}$ $\overline{Y_4}$ $\overline{Y_5}$ $\overline{Y_6}$ 16 15 14 13 12 11 10 9 74LS138 1 2 3 4 5 6 7 8 A_0 A_1 A_2 $\overline{S_2}$ $\overline{S_3}$ S_1 $\overline{Y_7}$ GND	
74LS139：双 2 线 ~ 4 线译码器/多路分配器	V_{CC} $\overline{2G}$ 2A 2B $\overline{2Y_0}$ $\overline{2Y_1}$ $\overline{2Y_2}$ $\overline{2Y_3}$ 16 15 14 13 12 11 10 9 74LS139 1 2 3 4 5 6 7 8 $\overline{1G}$ 1A 1B $\overline{1Y_0}$ $\overline{1Y_1}$ $\overline{1Y_2}$ $\overline{1Y_3}$ GND	
74LS147：10 线 ~ 4 线优先编码器	V_{CC} NC $\overline{D}$ $\overline{3}$ $\overline{2}$ $\overline{1}$ $\overline{9}$ $\overline{A}$ 16 15 14 13 12 11 10 9 74LS147 1 2 3 4 5 6 7 8 $\overline{4}$ $\overline{5}$ $\overline{6}$ $\overline{7}$ $\overline{8}$ $\overline{C}$ $\overline{B}$ GND	
74LS148：8 线 ~ 3 线优先编码器	V_{CC} EO $\overline{GS}$ $\overline{3}$ $\overline{2}$ $\overline{1}$ $\overline{0}$ $\overline{A_0}$ 16 15 14 13 12 11 10 9 74LS148 1 2 3 4 5 6 7 8 $\overline{4}$ $\overline{5}$ $\overline{6}$ $\overline{7}$ $\overline{EI}$ $\overline{A_2}$ $\overline{A_1}$ GND	

型号及功能	管 脚 图	说 明
74LS151：8 选 1 数据选择器/多路转换器	V_{CC} D_4 D_5 D_6 D_7 A B C （16 15 14 13 12 11 10 9）74LS151 （1 2 3 4 5 6 7 8）D_3 D_2 D_1 D_0 Y $\overline{W}$ $\overline{G}$ GND	
74LS153：双 4 线 ~ 1 线数据选择器/多路转换器	V_{CC} $\overline{2G}$ A $2C_3$ $2C_2$ $2C_1$ $2C_0$ $2Y$ （16 15 14 13 12 11 10 9）74LS153 （1 2 3 4 5 6 7 8）$\overline{1G}$ B $1C_3$ $1C_2$ $1C_1$ $1C_0$ $1Y$ GND	
74LS154：4 线 ~ 16 线译码器/多路转换器	V_{CC} A B C D $\overline{G_2}$ $\overline{G_1}$ $\overline{15}$ $\overline{14}$ $\overline{13}$ $\overline{12}$ $\overline{11}$ （24 23 22 21 20 19 18 17 16 15 14）74LS154 （1 2 3 4 5 6 7 8 9 10 11 12）$\overline{0}$ $\overline{1}$ $\overline{2}$ $\overline{3}$ $\overline{4}$ $\overline{5}$ $\overline{6}$ $\overline{7}$ $\overline{8}$ $\overline{9}$ $\overline{10}$ GND	
74LS160 74LS161 4 位同步计数器（异步清除）160：十进制 161：二进制	V_{CC} CO Q_A Q_B Q_C Q_D E_D $\overline{LD}$ （16 15 14 13 12 11 10 9）74LS161 （1 2 3 4 5 6 7 8）$\overline{R_D}$ CP A B C D E_P GND	
74LS168 74LS169 4 位加/减同步计数器 168：十进制 169：二进制	V_{CC} CO Q_A Q_B Q_C Q_D $\overline{ENT}$ $\overline{LD}$ （16 15 14 13 12 11 10 9）74LS168 （1 2 3 4 5 6 7 8）$U/\overline{D}$ CP A B C D $\overline{ENP}$ GND	

44

型号及功能	管 脚 图	说 明
74LS175：四上升沿 D 型触发器 （互补输出，公共清除）	V_{CC} 4Q 4$\overline{Q}$ 4D 3D $\overline{3Q}$ 3Q CP 16 15 14 13 12 11 10 9 74LS175 1 2 3 4 5 6 7 8 $\overline{R}_D$ 1Q $\overline{1Q}$ 1D 2D $\overline{2Q}$ 2Q GND	
74LS190 74LS191 4 位同步加/减计数器 190：十进制 191：二进制	MAX/MIN V_{CC} A CP $\overline{RCP}$ | $\overline{LD}$ C D 16 15 14 13 12 11 10 9 74LS190 1 2 3 4 5 6 7 8 B Q_A Q_B $\overline{CT}$ D/$\overline{U}$ Q_C Q_D GND	
74LS192 74LS193 4 位同步加/减计数器 （有清除，双时钟） 192：十进制 193：二进制	V_{CC} A R_D $\overline{BD}$ $\overline{CD}$ $\overline{LD}$ C D 16 15 14 13 12 11 10 9 74LS192 1 2 3 4 5 6 7 8 B Q_A Q_B | CPU Q_C Q_D GND CPD	
74194 74LS194（优选） 4 位双向通用移位寄存器 （并行存取）	V_{CC} Q_0 Q_1 Q_2 Q_3 CP M_1 M_0 16 15 14 13 12 11 10 9 74LS194 1 2 3 4 5 6 7 8 $\overline{CR}$ D_{SR} D_0 D_1 D_2 D_3 D_{SL} GND	
74LS196 74LS197 可预置计数器/锁存器 192：十进制/二-五混合进制 193：二进制	V_{CC} $\overline{R}_D$ Q_D D B Q_B $\overline{CD}$ 14 13 12 11 10 9 8 74LS196 1 2 3 4 5 6 7 $\overline{CL}$ Q_C C A Q_A CP_2 GND	

型号及功能	管 脚 图	说 明
74LS244： 八缓冲/线驱动器/线接收器(3S)	V_{CC} $\overline{2G}$ $1Y_1$ $2A_4$ $1Y_2$ $2A_3$ $1Y_3$ $2A_2$ $1Y_4$ $2A_1$ 20 19 18 17 16 15 14 13 12 11 74LS244 1 2 3 4 5 6 7 8 9 10 $\overline{1G}$ $1A_1$ $2Y_4$ $1A_2$ $2Y_3$ $1A_3$ $2Y_2$ $1A_4$ $2Y_1$ GND	
74LS247：4 线—七段译码器/高压驱动器 （BCD 输入，OC）	V_{CC} $\bar{f}$ $\bar{g}$ $\bar{a}$ $\bar{b}$ $\bar{c}$ $\bar{d}$ $\bar{e}$ 16 15 14 13 12 11 10 9 74LS247 1 2 3 4 5 6 7 8 B C $\overline{LT}$ $\overline{RBI}$ D A GND $\overline{BI/RBO}$	
74LS248：4 线—七段译码器/驱动器 （BCD 输入，上拉输出）	V_{CC} f g a b c d e 16 15 14 13 12 11 10 9 74LS248 1 2 3 4 5 6 7 8 B C $\overline{LT}$ $\overline{RBI}$ D A GND $\overline{BI/RBO}$	
74LS260：双 5 输入或非门 $Y = \overline{A + B + C + D + E}$	V_{CC} $1E$ $1D$ $2E$ $2D$ $2C$ $2B$ 14 13 12 11 10 9 8 74LS260 1 2 3 4 5 6 7 $1A$ $1B$ $1C$ $2A$ $1Y$ $2Y$ GND	
74LS283：4 位二进制超前位全加器	V_{CC} B_3 A_3 Σ_3 A_4 B_4 Σ_4 C_4 16 15 14 13 12 11 10 9 74LS283 1 2 3 4 5 6 7 8 Σ_2 B_2 A_2 Σ_1 A_1 B_1 C_0 GND	

型号及功能	管 脚 图	说 明
74LS290：十进制计数器 （÷2，÷5）	V_{CC} 14, R_{0A} 13, R_{0B} 12, CP_B 11, CP_A 10, Q_A 9, Q_D 8 74LS290 1 S_{9A}, 2, 3 S_{9B}, 4 Q_C, 5 Q_B, 6, 7 GND	
74LS373：八 D 型锁存器 （3S，公共控制）	V_{CC} 20, $8Q$ 19, $8D$ 18, $7D$ 17, $7Q$ 16, $6Q$ 15, $6D$ 14, $5D$ 13, $5Q$ 12, C 11 74LS373 1 $\overline{OC}$, 2 $1Q$, 3 $1D$, 4 $2D$, 5 $2Q$, 6 $3Q$, 7 $3D$, 8 $4D$, 9 $4Q$, 10 GND	
74LS381：4 位算术逻辑单元/函数发生器 （8 个功能）	V_{CC} 20, A_2 19, B_2 18, A_3 17, B_3 16, $\overline{Cn}$ 15, $\overline{P}$ 14, $\overline{G}$ 13, F_3 12, F_2 11 74LS381 1 A_1, 2 B_1, 3 A_0, 4 B_0, 5 S_0, 6 S_1, 7 S_2, 8 F_0, 9 F_1, 10 GND	
74LS390：双二—五—十进制计数器	V_{CC} 16, $2CP_A$ 15, $2R_D$ 14, $2Q_A$ 13, $2CP_B$ 12, $2Q_B$ 11, $2Q_C$ 10, $2Q_D$ 9 74LS390 1 $1CP_A$, 2 $1R_D$, 3 $1Q_A$, 4 $1CP_B$, 5 $1Q_B$, 6 $1Q_C$, 7 $1Q_D$, 8 GND	
74LS393：双 4 位二进制计数器 （异步清除）	V_{CC} 14, $2CP$ 13, $2R_D$ 12, $2Q_A$ 11, $2Q_B$ 10, $2Q_C$ 9, $2Q_D$ 8 74LS393 1 $1CP$, 2 $1R_D$, 3 $1Q_A$, 4 $1Q_B$, 5 $1Q_C$, 6 $1Q_D$, 7 GND	

型号及功能	管 脚 图	说 明
74LS447：BCD—七段译码器/驱动器（OC）（异步清除）	V_{CC} $\bar{f}$ $\bar{g}$ $\bar{a}$ $\bar{b}$ $\bar{c}$ $\bar{d}$ $\bar{e}$ 16 15 14 13 12 11 10 9 74LS447 1 2 3 4 5 6 7 8 B C $\overline{LT}$ $\overline{RBI}$ D A GND $\overline{BI/RBO}$	
CD4017：有 10 个译码输出端的十进制同步计数器/脉冲分配器	V_{CC} R CP En C 9 4 8 16 15 14 13 12 11 10 9 CD4017 1 2 3 4 5 6 7 8 5 1 0 2 6 7 3 GND	
6116： 2K×8 位静态随机存储器 SRAM	V_{CC} A_8 A_9 $\overline{WE}$ $\overline{OE}$ A_{10} $\overline{CE}$ D_7 D_6 D_5 D_4 D_3 24 23 22 21 20 19 18 17 16 15 14 13 6116 1 2 3 4 5 6 7 8 9 10 11 12 A_7 A_6 A_5 A_4 A_3 A_2 A_1 A_0 D_0 D_1 D_2 GND	
555：单时基电路 管脚功能说明： $\overline{TR}$：低电平触发器 OUT：输出端 $\bar{R}$：复位端 CO：电压控制端 TH：高电平触发端 D：放电端	V_{CC} D TH CO 8 7 6 5 555 1 2 3 4 GND $\overline{TR}$ OUT $\bar{R}$	
556：双时基电路 管脚功能说明： $\overline{TR}$：低电平触发器 OUT：输出端 $\bar{R}$：复位端 CO：电压控制端 TH：高电平触发端 D：放电端	V_{CC} $2D$ $2TH$ $2CC$ $\overline{2R}$ $\overline{2TR}$ 14 13 12 11 10 9 8 556 1 2 3 4 5 6 7 $1D$ $1TH$ $1CO$ $\overline{1R}$ $1OUT$ $\overline{1TR}$ GND	D：放电端

型号及功能	管 脚 图	说 明
ADC0808 ADC0809 8 位 A/D 转换器 （二进制输出）	IN_2 IN_1 IN_0 A_0 A_1 A_2 ALE D_7 D_6 D_5 D_4 D_0 $V_{REF(-)}$ D_2 28 27 26 25 24 23 22 21 20 19 18 17 16 15 ADC0808 ADC0809 1 2 3 4 5 6 7 8 9 10 11 12 13 14 IN_3 IN_4 IN_5 IN_6 IN_7 ST EOC D_3 OE CK V_{CC} $V_{REF(+)}$ GND D_1	
DAC0832 8 位 D/A 转换器 8 位 μP 兼容 DAC	V_{CC} ILE $\overline{WR_2}$ $\overline{XFER}$ DI_4 DI_5 DI_6 DI_7 I_{02} I_{01} 20 19 18 17 16 15 14 13 12 11 DAC0832 1 2 3 4 5 6 7 8 9 10 $\overline{CS}$ $\overline{WR_1}$ $AGND$ DI_3 DI_2 DI_1 DI_0 U_{REF} R_{FE} GND	管脚功能说明： （1）$DI_0 \sim DI_7$：八位输入数字信号。 （2）$\overline{CS}$：片选信号（输入低电平有效），此信号一般由系统低八位地址总线 $A_0 \sim A_7$ 经译码产生。$\overline{CS}$、ILE、$\overline{WR_1}$ 同时有效时，可将输入数字信号锁存到八位输入寄存器中。 （3）ILE：允许输入锁存（输入高电平有效）。 （4）$\overline{XFER}$：传递控制信号（输入低电平有效）。用来控制何时允许将输入寄存器的内容锁存到八位 DAC 寄存器中进行数/模转换。根据不同的工作方式，此信号可以来自地址译码器之输出，也可以用其他信号。 （5）$\overline{WR_1}$：写信号1（输入低电平有效）。 （6）$\overline{WR_2}$：写信号2（输入低电平有效）。 注意：DAC0832 不允许带电改接线路，输入端也不应悬空。

1.8.3　CMOS 数字集成电路类别及电器特性

CMOS 集成电路具有电路简单、功耗低、扇出系数大、价格低廉等多种优点，在电路一旦装好进行正常工作后，它的稳定性比 TTL 电路还要高，抗干扰能力也强。但是，CMOS 集成电路也有一些独特的问题，由于它的输入阻抗非常高，在没有与其他电路相接之前，各输入端均处于开路状态，极易受外界静电的感应，有时会产生高达数百甚至数千伏的静电电压而将器件损坏。虽然现在生产的 CMOS 集成电路中每一个输入端都加有双向保护电路，但这种保护也有限，使用时如不小心仍会引起击穿，因此在储存、运输、装配、测试和使用过程中应注意以下几点，以免造成不必要的损失：

（1）CMOS 集成电路在储存、运输中必须收藏于金属屏蔽盒内，一般用金属箔或导电泡沫塑料将器件所有管脚短路，以防止外来感应电势将栅极击穿。

（2）要求所有测试仪器、仪表及线路本身都应良好接地。

（3）焊接 CMOS 电路宜采用 20W 内热式电烙铁，或 25W 电烙铁，电烙铁功率不宜太大，焊接时电烙铁要接地，为防止电烙铁漏电击穿器件的输入端，也可断电用存热快速焊接。

（4）接入电源要小心。通电时，应先开启稳压电源后，再用导线加到 CMOS 电路的电源端按先负后正的顺序接入。如果信号源和 CMOS 电路不用同一组电源，则 CMOS 电路的电源应先打开，然后再送入信号。千万不可在 CMOS 电路尚未通电的情况下将信号加入，因为 V_{dd} 尚未加入时，将有较大的电流流过输入保护电路，从而损坏器件。因此，在实验中必须严格遵守正确的操作步骤开始实验时，先加 V_{dd} 后加输入信号，停止实验时先撤除输入信号再断 V_{dd}。

（5）禁止在电源接通的情况下装拆线路板或器件，否则器件很容易受到较大的感应电压而损坏。

（6）CMOS 电路的电源电压极性不能颠倒，V_{dd} 为高电位，V_{ss} 为低电位，不要接错，以免烧坏器件。

（7）输入信号幅度不能大于 V_{dd} 或小于 V_{ss}。通常最佳输入信号电压摆幅是 $V_{dd} - V_{ss}$，若 V_i 大于 V_{dd} 时，器件有可能产生"可控硅现象"而损坏。

（8）CM05 电路不用的闲置输入端应接 V_{dd}。（对于与、与非门）或 V_{ss}（对于或、或非门），或者与旁的输入端并在一起（门电路）而不能悬空。须注意，这一点与 TTL 器件的使用有很大的不同尤其是当输入端悬空时用手触及，极易造成栅极击穿。为了防止印刷电路板上 CMOS 电路输入端悬空，可在 CMOS 电路的各输入端加接 $0.5 \sim 1M\Omega$ 的电阻，对于与门、与非门接至 V_{dd} 对于或门、或非门接至 V_{ss}。

（9）在输入连线长的场合，电路受导线分布电容和寄生电感的影响，可能引起 LC 振荡，因此在输入端串接一只 $10k\Omega$ 左右的电阻是必要的。

2 电子技术实验基础知识

2.1 实验基本要求

电子技术实验是一门实践和理论结合非常紧密的课程。学生在课堂上学好电子技术基础理论之后，还必须在实验室里亲自对所学的实际电子线路进行安装、测试和验证，获取第一手感性认识，以掌握本门课程的基本内容。只有通过实验室的严格训练，才能学有所用，设计、安装、调试成功使用可靠的电子产品。所以，实验是电子技术课程的重要实践环节，也是培养学生理论联系实际的学风，严谨求实的科学态度、分析问题与解决问题的能力和创新思维的重要手段。

2.1.1 实验须知

（1）学生进入实验室之前，应该预习实验内容，明确实验的目的和要求，掌握实验电路的基本原理，初步估算（试分析）实验结果。必要时，应查阅相关技术资料，拟定自己的实验方法和步骤，设计试验数据表格，写出实验预习报告，并将预习报告交与指导教师审阅。

（2）进入实验室后，应该首先检查所用的实验仪器设备是否工作正常，测量实验器件是否完全，是否损坏。一旦发现问题应及时向指导教师报告。

（3）实验中必须严格遵守实验操作规程，未经允许不得开启与实验无关的设备，实验中如果出现实验设备损坏，应立刻报告指导教师听候处理。

（4）实验完毕，不得立刻拆线。应该请指导教师检查实验线路、实验数据和仪器设备，实验工具，经教师许可，才能拆除实验线路、整理实验器材，复原仪器设备、搞好实验室清洁卫生，方可离开实验室。

（5）实验结束后，应该在规定的时间内，撰写实验报告，交与指导教师批阅。缺实验报告或者缺做试验者，应该用书面形式向指导教师说明原因，以便处理，否则会影响实验课的学习成绩。

2.1.2 实验报告撰写要求

一份合格的实验报告应该包括下列内容：

（1）实验目的。

（2）所用于实验的仪器、仪表的名称、型号。

（3）实验线路和原理简述。

（4）分项开列实验数据，绘制特性曲线和理论估算数据与理想曲线比较，说明产生误差的原因，提出减少实验误差的措施。

（5）总结组装、调试和测试过程中发生的故障和问题，进行故障分析，说明故障排

51

除的过程及方法。

（6）实事求是地、认真地写出对本次实验的心得体会，以及改进实验的建议。

2.2 实验电路的安装

电子电路的安装调试技术是把理论付诸于实践的过程之一，是把设计变为产品的过程。要想获取正确的实验结果，达到实验目的，不仅取决于电路原理和测试方法的正确性，而且与电路安装的合理性密切相关。电子电路的安装包括元器件的布置、布线、焊接内容。

2.2.1 合理的布局与布线

根据电路原理图和所采用的元器件实际尺寸，对实际元器件在线路板的位置进行合理分配，对元器件之间的连线合理安排，对整个实验电路的性能指标有着重要的影响。布局与布线的一般原则是：

（1）电路中元器件要排列整齐。元件排列顺序要和电路信号流向基本一致，这样，既可以减少信号之间的相互干扰，又便于将来调试和查找故障。

（2）发热元件应该远离热敏元件，同时应该给发热元件留下散热途径和散热空间。另外应该考虑在电路板四周留下适当边框，以便于安装。

（3）布线时，要求元件之间的连线应该尽可能短，所有引线应该尽可能避免形成圈套状或者在空间形成网状。电流强的信号引线和电流弱的信号引线要分开，输入、输出信号引线一定要分开。一般情况下，应该避免两条或者多条引线互相平行。

（4）接地方式合理与否对电路影响较大。合理的接地方式是各级放大器的公共端都直接接到直流电源的负公共端，输出级的大电流在引线上造成的压降作用在输入级，会降低电路的稳定性，甚至产生振荡。模拟电路和数字电路混排的电路系统，应该使两者在同一点接地，以避免数字电路的噪声对模拟电路造成影响。

（5）布线应该有步骤地进行。一般先接电源线、地线等固定电平连接线，然后按照信号传输方向依次接线。连线应该尽可能贴近实验面板，并且尽可能横平竖直，以便于查找、更换器件和导线。

（6）在学习箱上搭接实验线路时，最好用不同颜色的导线将地线、电源线和信号线分开，以便于检查。习惯上，正电源使用红色导线，负电源使用蓝色导线，地线使用黑色导线，信号线使用黄色导线。

2.2.2 元器件焊接技术

良好的焊接质量是保证电路正常工作的必要条件之一。焊接质量取决于四个条件，即焊接工具、焊料、焊剂和焊接技术。

（1）目前最广泛使用的焊接工具是电烙铁，它分为内热式和外热式两种。焊接时应该根据不同的焊接对象，选择不同功率的电烙铁。一般焊接晶体管、集成电路和小型元件时选择20W电烙铁；焊接 CMOS 集成电路选择15W 电烙铁，而且电烙铁的外壳应该接地良好。如果经过长期使用，烙铁头出现因高度氧化而发黑，无法挂锡时，可以用锉刀锉去氧化物和凹痕，重新烧热电烙铁并用松香焊锡丝摩擦烙铁头，使烙铁头挂上就可以重新使用。焊接较大功率的电阻、接插件和粗导线等，可以选用25W以上的电烙铁。

（2）在焊接电子电路时，使用的焊料均为焊锡。它是一种锡铅合金，熔点低（190℃），抗氧化性好，导电性好，便于焊接，而且，有一定的机械强度。目前常用的是带有松香的焊锡丝，使用这种焊锡丝不需要另外加入助焊剂。另有一种无松香的焊锡丝，则必须添加助焊剂。否则不易上锡。

（3）常用的助焊剂是松香酒精溶液，它由一份松香和三份酒精浸泡而成。蘸上松香酒精溶液后焊接时，容易上锡，焊点光滑明亮。单独使用松香也有助焊作用，但是效果略差。还有一种称为焊油膏的助焊剂助焊效果也不错，不过含有酸性物质，对金属有腐蚀作用，一般不用于焊接电子电路。

（4）焊接技术好坏的关键是掌握焊接温度和焊接时间。温度低，时间短，焊锡流动不开，容易使焊点"拉毛"或者形成虚焊。反之，温度太高，焊接时间过长，一方面容易损坏元器件（例如一般集成电路能够承受的最高温度是260℃，10s，350℃，3s。这是指全部管脚同时焊接的情况），同时也会使焊点表面氧化造成虚焊，即使焊上了焊点表面也没有光泽。正确的焊接方法是：

1）首先净化金属表面。焊接之前一定要刮去元器件和导线焊接处的氧化物，然后立即涂上焊剂和焊锡，这一过程称为"搪锡"。

2）焊接时，焊锡不要太多，能浸透接线即可。焊锡溶化后，立刻撤开电烙铁。

3）焊接时必须扶稳焊件，在焊锡冷却过程中不能晃动焊件，否则容易造成虚焊。

4）焊接各种管子时，最好用镊子夹住管脚，避免温度过高损坏管子。焊接CMOS管或者CMOS集成电路时，电烙铁外壳必须接地或者把电烙铁烧热后，拔下电源插头焊接，这样可以避免交流电场击穿栅极损坏器件。

按照上述要求焊接，得到的焊接面应该是焊点大小均匀、表面光滑圆润、有明亮的光泽。

2.3 测量误差和测量数据的处理方法

测量的对象称为被测量。被测量本身具有的真实数值称为真值。因为任何测量仪器都存在误差，所以真值是不可知的，真值一般由理论给定或者由计量标准规定。实际测量被测量时由于受到测量仪表的精度、测量方法、环境条件或者测量操作者的能力等因数的影响，测量的实际数值与被测量的真值之间存在的差异称为测量误差。

2.3.1 测量误差产生的原因

测量会产生误差，误差产生的原因包括：

（1）仪器仪表误差。指测量仪表本身的机械性能和电气性能不完善产生的误差。例如，仪表读数指示刻度绘制不准产生的误差、仪表内部噪声对测量电路产生干扰产生的误差、仪表校准不佳产生的误差、仪表的指示部分的机械磨损产生的误差和元器件老化导致参数改变产生的误差等等。

（2）使用误差。指仪表使用方法不正确产生的误差。例如，仪表安装不当产生的误差、仪表调节不当产生的误差、仪表所处的外界环境条件改变产生的误差等等。

（3）理论误差。指因测量方法所依据的理论不够严格产生的误差、测量仪器选择不当产生的误差等等。

（4）人身误差。指由测量者自身原因产生的误差。例如，测量者对仪表的指示值读取不准确产生的误差、测量者对仪表的量程选择不当产生的误差等等。

2.3.2　测量误差的类型

（1）系统误差。在规定的测量条件下，测量值与真值之间的大小和符号固定不变的误差或者测量值与真值之间的大小和符号按照一定规律变化的误差，称为系统误差。仪器仪表误差、使用误差、理论误差属于此类误差。

（2）随机误差。在相同的条件下，多次重复测量同一个被测对象时，每次产生的误差大小和符号无规律可循，呈现随机性变化现象，此类误差称为随机误差。对于随机误差，可以采用增加测量次数，然后把测量值取算术平均值的方法来减小或者消除。

（3）过失误差。指测量者粗心大意、仪器仪表安装调整不当和操作不当等原因所造成的误差，其中最主要的原因是人身误差。这只有通过反复实验分析，找出存在过失误差的测量值，将其删除，才能避免出现过失误差。

2.3.3　测量误差的表示方法

测量误差通常用绝对误差、相对误差和引用误差等来描述。

A　绝对误差

测量时的测出值 x（仪器仪表的指示值或者经过换算的测量结果）与被测量的真值 x_0 之差称为绝对误差，即

$$\Delta x = x - x_0$$

绝对误差的符号可正可负，与被测量的量纲相同。如果把真值写为

$$x_0 = x + (-\Delta x) = x + C$$

式中 $C = -\Delta x$，称为修正值。修正值与绝对误差数值相等，符号相反。引进修正值后，就可以对仪表指示值进行校正，从而减少误差。

绝对误差可以表示实测值与真值之间的偏差程度，却无法反映测量的准确程度。反映准确度的表示方法是相对误差。

B　相对误差

绝对误差与被测量真值比值百分数称为相对误差。即

$$A = \frac{\Delta x}{x_0} \times 100\%$$

当被测量的真值与仪表的指示值相差较小时，可用仪表指示值 x 代替真值 x_0，即

$$A = \frac{\Delta x}{x} \times 100\%$$

相对误差的数值越小，测量的准确度越高。相对误差是一个无量纲的数。

C　引用误差

绝对误差 Δx 与仪表满刻度指示值 x_M 之比的百分数称为引用误差。即

$$A_M = \frac{\Delta x}{x_M} \times 100\%$$

按我国标准规定，电测量指示仪表的准确度，用最大引用误差来表示，A_M 分为七个等级，它们的数值为 0.1、0.2、0.5、1.0、1.5、2.5 和 5.0。显然，数值越小，说明仪表的精度越高。

为了减少测量误差，提高测量的准确度，应该使测量指示值出现在满刻度区域，至少应在满刻度的三分之二以上。

2.3.4 测量数据的处理

A 测量数据的有效数字的处理

由于存在误差，测量数据总是近似数，它一般由准确数字和欠准确数字两部分组成。例如，用毫伏表测得某放大器输出电压为 2.7V，这是个近似数，2 是准确数字，末位 7 是欠准确数字，所以准确数字和欠准确数字对于测量结果都是不可缺少的。数字 2.7 是两位有效数字，对于有效数字的取舍与判别直接影响到测量结果的准确性。

目前广泛采用的数据舍入规则是：小于 5 舍去，大于 5 入进，等于 5 取偶数。具体做法是，若测量数据要求保留 n 位有效数字，则当后面的数值小于第 n 位的 0.5 个单位时，将后面的数字舍去；当后面的数值大于第 n 位的 0.5 个单位时，第 n 位数值加 1；当后面的数值等于第 n 位的 0.5 个单位时，若第 n 位数字为偶数就将后面的数字舍去，若第 n 位数字为奇数就将第 n 位加 1，使第 n 位变为偶数。这种取偶规则的好处是使有效数字末位为偶数的机会增多，而偶数作为被除数时被除尽的机会比奇数多，有利于减少计算误差。

欠准确数字中要特别注意 "0" 的情况，与计算单位有关的 "0" 不是有效数字。例如，0.025A 和 25mA 这两种写法均表示数据由两位有效数字构成，小数点后面的 "0" 不能省略。例如，25mA 和 25.0mA 是有区别的，前者为两位有效数字，后者表示数据由三位有效数字组成。对于后面带 "0" 的大数字不同表示方法的有效数字的位数也不相同。例如，2000 表示数据由四位有效数字组成，20×10^2 表示数据由两位有效数字组成，2×10^3 则表示数据由一位有效数字组成。

有效数字的一般运算规则为：对于加减运算，其结果的有效数字位数应该与各参与运算数中精度最差的数字的有效数字的位数一致。对于乘除运算，取决于各运算数中有效数字位数最少的数，乘方、开方运算的结果应该多保留一位有效数字，对数运算的结果有效数字位数保持不变。

B 测量数据的图解处理

对测量结果的要求不十分严格时，用图解法处理数据比较简单易行，比用数字、公式表示更形象、直观。

在作曲线图时，首先应将实验数据列成数表，在适当的坐标系上标出数据点。在实际测量中，由于各种误差的影响，测量数据均存在误差，数据点将出现离散现象，画曲线图时，通常采用分组平均画法或目测平均画法，使各数据点大体上沿曲线均匀分布，使其作出一条光滑均匀的曲线来。

2.4 实验电路的调试和故障处理

2.4.1 实验电路的调试

实验电路调试前，在不通电的情况下，首先进行直观检查，检查电源线、地线、信号线、元件引脚之间有无短路；连接处有无接触不良；二极管、三极管、电解电容等引脚有无错接，集成电路块的方向有没有插反等。完成外观检查后，应该按照设计的电路图检查安装的线路是否正确，并且要检查每个元件的引脚的使用端数是否与图纸相符，连接导线内部是否有断点等，线路较为复杂时，可以在图纸上作上标记，即每检查一条支路，在图纸的相应位置作上标记，这样可以避免遗漏和重复检查。检查时最好使用指针式万用表的 $R \times 1$ 挡或者用数字万用表的 Ω 挡。确认线路没有错误后，可以把经过测量的准确的电源电压接入电路，电源接通后，不要急于测量数据和观察结果，首先要观察实验电路有无异常现象，例如，有无冒烟，是否闻到异常气味，元件是否发烫等，如果发现异常现象，应该立刻关闭电源，待排除故障后，方可重新通电调试。

对于简单电路进行一次性调试和测量即可，对于复杂的大型电路，应该首先按照各功能块分别单独进行分块调试，然后再进行各块之间的整机联调。

分块调试是把电路按功能分成不同的部分，把每个部分看作一个模块进行调试。调试程序一般按信号的流向进行，这样可以把前面调试过的输出信号，作为后一级输入信号，为最后的联调创造条件。分块调试包括静态调试和动态调试。

(1) 静态调试。静态调试指没有外加信号的条件下测试电路各点的电位。如测量模拟电路的静态工作点，数字电路的输入、输出电平及逻辑关系等，测得的数据与设计值相比较，若超出允许范围，则应分析原因进行处理。

(2) 动态调试。动态调试可以利用前级的输出信号为后级的输入信号，也可用自身的信号检查功能块的各项指标是否满足设计要求，如信号幅值、波形的形状、相位关系、频率、放大倍数、输出动态范围等。模拟电路比较复杂，对于数字电路，由于集成度比较高，一般调试工作量不太大，只要器件选择合适，直流工作状态正常，逻辑关系就不会有太大的问题。

(3) 整机联调。分块调试符合要求后，只要做好各功能块部分之间接口电路的调试工作，再把全部电路接通，就可以实现整机联调。整机联调只需要观察动态结果，把各种测量仪器及系统本身显示部分提供的信息与设计指标逐一对比，找出问题，然后进一步修改电路参数，直到完全符合设计要求为止。

2.4.2 实验电路的故障处理

在实验过程中，故障常常是不可避免的。分析故障、排除故障可以提高分析问题和解决问题的能力。分析和排除故障的过程，要在反复观察、测试与分析的基础上，逐步缩小可能发生故障的范围，逐步排除某些可能发生故障的元器件，最后在一个小范围内，确定出产生故障的元器件。根据这一思路，一般采用如下步骤。

(1) 直观检查。观察电路有无损坏迹象，如阻容元件及导线表面有无异变，焊点有无脱焊，导线有无脱落、折断，触摸半导体器件外壳是否过热等。若经直观检查未发现故障原因或虽然排除了某些故障，但电路仍不能正常工作，则应继续检查。

(2) 判断故障部位。查阅电气原理图，按功能划分为几个部分，弄清信号产生与传递关系，各部分电路之间的联系和作用，根据故障现象，分析故障可能发生在哪一部分。再查对安装工艺图，找到各测试点的位置，以便进行检测。

(3) 确定故障所在级。根据以上判断，在可能发生故障的部分电路中，用电压测试法对各级电路进行静态检查，用波形显示法进行动态检查。检查顺序可由后级向前级推进或者相反亦可。

（4）确定故障点。故障级确定后，要找出发生故障的元器件，即确定故障点。通常是用电压测试法测出电路中各点的静态值，经分析确定该级中哪个元器件存在故障。然后，切断电源，拆下可能有故障的元器件，再用测试仪器进行检测。这样便可准确地找到故障元器件。

（5）修复电路。找到产生故障的元件后，还要分析其损坏的原因，以保证已修复电路的稳定性和可靠性。修复的电路应通电试验，测试各项技术指标，看其是否达到了设计电路所要求的技术指标，否则需要替换相关元件或者调整参数，直到符合要求为止。

3 常用仪器仪表的使用

3.1 MF-10 型万用电表

MF-10 为高灵敏度，磁电整流系多量限万用电表。可以测量直流电压、直流电流、中频交流电压、音频电平和直流电阻。由于测量所消耗的电流极其微小。因此在测量高内阻的电路参数时，不会显著影响电路的状态，是现代电讯器件制造工厂和科学研究测量的必需常备测量仪表。其外形及前面板结构如图 3-2 所示。

电流最灵敏量限的满度值为 $10\mu A$，可以用它来测量普通万用电表所不能测量的微弱电流，由仪表直接用磁电形式结构作为测量基础，所以使用方便，维护简单，稳定性好。同时，利用它的高灵敏度特点，电阻量限扩大至 $\Omega \times 100k$，可以测量小于 $200M\Omega$ 的高阻值。仪表适合在周围气温为 $0 \sim +40℃$，相对湿度在 $25\% \sim 80\%$ 的环境中工作。

3.1.1 主要技术特性

（1）测量范围。

直流电流：$10/50/100\mu A$，$1/10/100/1000mA$

直流电压：$0.5V(10\mu A,)/1/2.5/10/50/100/250/500V$

交流电压：$10/50/250/500V$

直流电阻：$0 \sim 200M\Omega$。分为 $\times1/\times10/\times100/\times1k/\times10k/\times100k$，共计 6 挡

音频电平：$-10 \sim +22dB$

（2）准确度等级。

直流电流电压：2.5 级（以标度尺工作部分上量限的百分数表示）

交流电压：5.0 级（以标度尺工作部分上量限的百分数表示）

直流电阻：2.5 级（以标度尺长度的百分数表示）

音频电平：5.0 级（以标度尺长度的百分数表示）

（3）频率影响。

频率范围：$45Hz \sim 1.5kHz$

误　　差：$\pm5\%$

3.1.2 使用方法

A　零位调整

将仪表放置在水平位置，使用时应先检查指针是否在标度尺的起始点上，如果移动了，则可调节零位调节器，使它回到标度尺的起始点上。

B　直流电压测量

将范围选择开关旋至直流电压"V"的范围内所需要的量程上，然后将仪表接入被测

电路，电流方向必须遵守端钮上的极性标志。

量程选择应尽可能选接近于被测之电压大小的挡位，使指针有较大的偏转角，以减少测量示值的绝对误差。应该从第三条直流刻度上读取数据。

C　交流电压的测量

测量交流电压的方法与直流相似，只要将范围选择开关旋至欲测量的交流电压量程上即可。

测量交流电压的额定频率为 45Hz ~ 1.5kHz，其电压波形在任意瞬时与基本正弦波差值，不应超过 ±1%。为了取得准确的测试结果，仪表的公共极"＊"应与讯号发生器的负极（接机壳端）相连，如图 3-1 所示。这是因为仪表机件对地的分布电容所致，如果接反了，会产生较大误差。

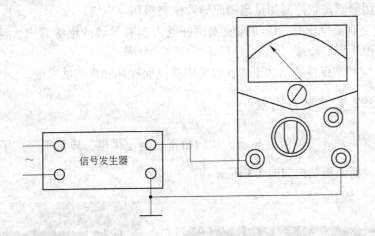

图 3-1　万用表的连线

D　直流电流的测量

将范围选择开关旋到直流电流"μA"或"A"范围内，选择接近被测电流的量程，然后将仪表串联接入被测电路中，接线时，应该使被测电流流入万用表"＋"端，从"＊"端流出。应该从第三条直流刻度上读取数据。

E　直流电阻的测量

将范围选择开关旋至电阻"Ω"挡范围内，把两只表笔短路，指针向满值偏转，调节零欧姆调整器，使指针指示在零欧姆位置上，调零完毕后，方可进行电阻测量。为了尽量减小测量误差，应该调整量程，使指针指向刻度中部。读取电阻阻值的刻度是表盘的第一道刻度。

Ω×1、Ω×10、Ω×100、Ω×1k、Ω×10k，五个限量合用 1.5V 电池。Ω×100k 限量专用 15V 层叠电池。当调节零欧姆调整器不能使指针到达满度时，即为电压不足，应立刻更换新电池，否则会因为电池腐蚀而影响其他元件。

Ω×100k 限量使用的 15V 层叠电池，当某些地区供应困难时，也可接成外接电源形式：即将附件闭合器代替电池，装入电池盒，然后外面串接 15V 电源即可。

3.1.3　注意事项

为了测量时获得良好效果及防止由于使用不慎而使仪表损坏，仪表在使用时，应该遵守下列注意事项：

（1）仪表在测试时不能旋转开关旋钮，特别是高电压和大电流时，严禁带电转换量程。

（2）当被测量不能确定其大约数值时，应将限量转换开关旋到最大限量的位置上，然后再选择适当的量程，使指针得到最大偏转。

（3）测量直流电流时，仪表应与被测电路串联，禁止将表笔直接跨接在被测电路电压两端，以防止仪表因过载而损坏。

（4）测量电路中的电阻阻值时，应将被测电路的电源断开，如果电路中有电容器应先将其放电后才能测量，切勿在电路带电情况下测量电阻。

（5）仪表在每次使用完毕时，最好将范围选择开关旋在交直流电压的 500V 位置上，防止下一次使用偶然疏忽控制测量范围而导致仪表损坏。

（6）测量交直流电压时，应将橡胶测试杆插入连有导线的绝缘管内，且不应暴露金属部分，并谨慎从事。

（7）仪表应经常保持清洁和干燥，以免因受潮而损坏和影响准确度。

3.2 GDM-392 型数字万用表

GDM-392 是一块 $3\frac{3}{4}$ 位液晶显示、结构精密、电池供电、质量很轻的手持式数字万用表，其外形及前面板结构如图 3-3 所示。

图 3-2　MF-10 型万用表外观　　　　图 3-3　GDM-392 型数字万用表

60

3.2.1 面板简介

GDM-392 型数字万用表面板上各插孔、开关、按键功能简述如下：

（1）20A 输入插孔——测试笔的正极（红表笔）插入这个插孔，可测量小于 20A 的电流。

（2）mA，μA 输入插孔——测试笔的正极插入这个插孔，可测量小于 400mA 的电流。

（3）"COM"公共输入插孔——对所有测量项目，黑表笔都插在这个插孔中。

（4）"Hz，V，Ω"输入插孔——当测量频率、电压、电阻以及进行二极管测试时，测试笔的正极（红表笔）都插入这个插孔中。

（5）转换开关——选择功能和合适的量程。

（6）显示器——显示的数字高 0.5in，$3\frac{3}{4}$ 位液晶显示。

（7）GDM-392 型具有的特殊功能键：

1）功能键（FUNC）——可用来选择 AC/DC 蜂鸣器/Ω，测电容/二极管测试。

2）存储键（MEM）——存储当前的功能、量程和显示资料。

3）读出键（READ）——读出并保持在存储状态上，若要解除保持方式，按一下保持键（HOLD）即可。

4）相对测量键（REL）——按下此键，进入相对测量状态，当时输入值被存储作为参考值，显示读数是当前读数与参考值之差。

5）手控量程键（RANGE）——按下此键选择所需量程，如按下此键保持两秒左右即转为自动量程。

6）重置键（RESET）——按下此键就从当前的测试状态转到电源接通时的状态。

7）最小值/最大值（MIN/MAX）——用于选择最大值或最小值的显示。按下此键，出现 HOLD MIN（或 HOLD MAX）符号时，当时最小值（或最大值）被显示并被保持住，当新的最小值（或最大值）出现时，显示值被刷新。

8）保持（HOLD）——按一下此键，保持住当前的数据资料并显示出来。若要解除保持方式，再按一下保持键即可。

9）接通电源功能——当数字万用表进入自动关断电源状态时，在八个按键上隐藏有恢复电源接通的功能。

10）使该表失去自动关断电源的功能——在使用仪表之前，先按住蓝色功能键（FUNC），再把功能转换开关从 OFF 挡转到其他任何一挡位置上，这样，该表就失去自动关断电源的功能。

3.2.2 使用方法

A 电压测量（AC/DC）

注意：为了避免损坏仪表，最大输入电压不能超过所规定的极限电压——直流 1200V，交流 850V。

（1）旋转功能转换开关至电压（V）挡，按下功能键（FUNC），选择 AC 或 DC。

（2）将黑表笔插头插入公共（COM）输入插孔，红表笔插头插入电压（V）输入插孔。

（3）将两支表笔的测试端并联到被测线路上，读取显示值。

B　电流测量（AC/DC）

（1）旋转功能转换开关至所需适当量程挡位，按下功能键（FUNC）选择 AC 或 DC。

（2）将黑表笔的插头插入公共（COM）输入插孔，测量小于 400mA 的电流时，红表笔的插头插入电流（mA、μA）输入插孔；若要测量 0.4~20A 之间的电流时，红表笔的插头插入 20A 输入插孔。

（3）将两表笔的测试端串联到被测线路中，读取显示值。

C　电阻测量

（1）旋转功能转换开关至电阻（Ω）挡，按下功能键（FUNC），选择用蜂鸣器作通断测试（·)))）或测电阻（Ω）。

（2）将黑表笔的插头插入公共（COM）输入插孔，红表笔的插头插入电阻（Ω）输入插孔。

（3）把两支表笔的测试端分别接到被测电阻或被测线路的两端。

（4）在作通断测试时，当阻值小于 40Ω 时，蜂鸣器就发声。

D　电容测量

注意：在测量之前，电容器要先放电。绝不能把电压接到电容测试插座上，也就是说，在仪表处于测量电容状态下，两支测试表笔的测量端不能去接触电压。

（1）旋转功能转换开关至电容（⊣⊢）挡，按下功能键（FUNC），选择测电容。

（2）在测量之前，电容器要放电。

（3）将黑表笔的插头插入公共（COM）插孔，红表笔的插头插入"Hz，V，Ω，▶⊢"输入插孔。

（4）把两支表笔的测试端分别接到被测电容器两端，读取显示值。

注意：在 4nF 和 40nF 小电容量程上，最好不要用测试表笔测量。

E　二极管检测

（1）旋转功能转换开关至二极管检测（▶⊢）挡，按下功能键（FUNC），选择二极管检测。

（2）将黑表笔的插头插入公共（COM）输入插孔，红表笔的插头插入检测二极管（▶⊢）输入插孔。

（3）正向测量：将红表笔测试端接二极管的正极，黑表笔测试端接二极管的负极，显示器显示二极管正向压降的近似值。

（4）反向测量：将红表笔测试端接二极管的负极，黑表笔测试端接二极管的正极，显示器显示电池电压值（约 3V）。

（5）完整的二极管测试应包括正、反向两步测量。如果测试结果与上述不符，说明这支二极管是坏的。

F　频率测量

（1）旋转功能转换开关至频率（Hz）挡。

（2）将黑表笔的插头插入公共（COM）输入插孔，红表笔的插头插入频率（Hz）输入插孔。

（3）把两支表笔的测试端并接到线路上，读取显示值。

注意：为了避免损坏仪表，最大输入电压不能超过所规定的极限电压——直流500V或交流360V。

3.3 PROTEK-505型数字万用表

PROTEK-505型数字万用表是一块$3\frac{3}{4}$位液晶显示、结构精密、电池供电、质量很轻的手持式数字万用表。其外形及前面板结构如图3-4所示。

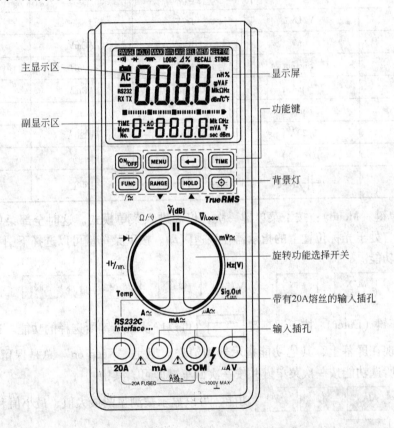

主显示区
显示屏
副显示区
功能键
背景灯
旋转功能选择开关
带有20A熔丝的输入插孔
输入插孔

图3-4　PROTEK-505型数字万用表

3.3.1　面板简介

PROTEK-505型数字万用表面板上各插孔、开关、按键功能简述：

（1）20A输入插孔——测试笔的正极（红表笔）插入这个插孔，可测量小于20A的电流。

（2）mA，输入插孔——测试笔的正极插入这个插孔，可测量小于400mA的电流。

（3）"COM"公共输入插孔——对所有测量项目，黑表笔都插在这个插孔中。

（4）"μAV"输入插孔——当测量频率（Hz）、电压、电阻（Ω）以及进行二极管测试时，测试笔的正极（红表笔）都插入这个插孔中。

（5）功能转换开关——选择测量对象。

（6）显示器——显示的数字高 0.5in，$3\frac{3}{4}$ 位液晶显示。

（7）PROTEK-505 型具有的特殊功能键：

1）功能键（FUNC）：可用来选择 AC/DC、蜂鸣器/Ω，电容/电感测试，参见表 3-1。

表 3-1 功 能 键

序 号	功能转换开关所处位置	不按下功能键（默认）	按下功能键	按下两次功能键
1	V/Logic	DCV	Logic	
2	mV	DCmV	ACmV	
3	Sig. out	2048Hz	4096Hz	8192Hz
4	μA	DCμA	ACμA	
5	mA	DC mA	ACmA	
6	20A	DC20A	AC20A	
7	Ω/·))	Ω	·))	
8	⊣⊢/ᴍ	⊣⊢	ᴍ	

2）菜单键（Menu）：按下菜单键一次，仪表进入菜单模式。这时全部菜单指示器打开，但是只有处于光标位置上的指示器在快速闪动。按下菜单键可以选择下图菜单所列指示器的一个功能。

MAX	MIN	AVG	REL	MEM	K EEPON

3）回车键（Enter）：按下回车键 ⟵ 可以确认菜单键所选择的功能。这时被选功能指示器出现在屏幕上，其他功能指示器则消失。但是"Keep on"总是保留在屏幕上。如果要退出所选功能按一次菜单键并按一次回车键即可。其中

选择 1： MAX MIN AVG 功能，可以显示被测量的最大值、最小值和平均值。

选择 2： REL 功能，进入相对测量状态，当时输入值被存储作为参考值，主显示读数是当前读数与参考值之差或者该差值与参考值之比的百分数。

选择 3： MEM 功能，可以保存被测数据，该项功能可以存储 10 次测量结果。使用菜单键、回车键、上翻键（▲）和下翻键（▼）可以随时查阅所保存的数据。

4）定时键（TIME）：该键具有定时功能，定时范围为 0～10h。按下定时键后副显示区显示数字 0：00.00，再按下回车键时，最左边的数字出现闪动，这时可以用上翻键（▲）和下翻键（▼）来改变闪动的数字，调整好后，按下回车键确认，这时下一组数字开始闪动用此方法可以设定预期时间。

5）范围键（RANGE）：该键用于自动范围模式和手动范围选测模式的切换。

开机时，仪表默认为自动范围选择模式，按下范围键后，变为手动范围选择模式。此

后，每按一次该键，测量范围增大一级。

在定时操作和存储操作方式下，该键作为下翻键（▼）使用。

范围键压下时间超过1s，仪表恢复自动范围选择模式。

6）保持键（HOLD）：该键有两个功能，一个是保持，另一个作为上翻键（▲）使用。

按下该键时，当前测量值被保持在副显示区。再一次按下该键，可以恢复到先前的测试方式。

在定时操作和存储操作方式下，该键作为下翻键（▼）使用。

7）背景灯键 ⊙ ：该键用于照亮显示屏。第一次按下该键开灯，第二次按下关灯。开灯时间超过2min时，仪表可以自动关灯。

3.3.2 测量对象的量程、准确度

直流电压，如表3-2所示。

表3-2 直流电压

功 能	范 围	分辨率	准确度	输入阻抗
DC mV	400mV	0.1mV	0.3% +2d	>1GΩ
DC V	4V	0.001V	1.5% +5d	10MΩ
	40V	0.01V		
	400V	0.1V		
	1000V	1V		

交流电压，如表3-3所示。

表3-3 交流电压

功 能	范 围	分辨率	准确度	频 率
AC mV	400mV	0.1mV	0.3% +2d	$50 \sim 1 \times 10^3$Hz
AC V	4V	0.001V	1.5% +5d	$50 \sim 100$Hz
	40V	0.01V		$50 \sim 500$Hz
	400V	0.1V		
	750V	1V		

直流电流，如表3-4所示。

表3-4 直流电流

功 能	范 围	分辨率	准确度	承载电压
DC μA	400μA	0.1μA	1.0% +2d	1mV/μA
DC mA	400mA	0.1mA		1mV/1mA
DC 20A	20A	0.01A		10mV/A

交流电流，如表3-5所示。

表 3-5 交 流 电 流

功 能	范 围	分 辨 率	准 确 度	频 率
AC μA	400μA	0.1μA		50 ~ 100Hz
AC mA	400mA	0.1mA	1.0% + 3d	（50Hz ~ 1kHz）
AC 20A	20A	0.01A		

电阻，如表 3-6 所示。

表 3-6 电   阻

范 围	分 辨 率	准 确 度	开 路 电 压
400Ω	0.1Ω		2.5V
4kΩ	0.001kΩ		
40kΩ	0.01kΩ	0.5% + 2d	
400kΩ	0.1kΩ		1.2V
4MΩ	0.001MΩ		
40MΩ	0.01MΩ	1.0% + 2d	

连续性（通断），如表 3-7 所示。

表 3-7 连 续 性

范 围	被测阻值	蜂鸣器	主显示区	副显示区
400Ω	<100Ω	无声	**Shrt**	显示相关阻值
	>100Ω	发声	**OPEn**	

二极管，如表 3-8 所示。

表 3-8 二 极 管

范 围	被测电压	主显示区	副显示区
4V	<0.5V	**Shrt**	显示二极管实际电压值
	>1.0V	**OPEn**	
	0.5 ~ 1.0V	**9ood**	

频率，如表 3-9 所示。

表 3-9 频   率

范 围	分 辨 率	准 确 度	输 入 阻 抗	灵 敏 度
10kHz	1Hz			
100kHz	10Hz	0.01% + 2d	10MΩ, $C < 1$μF	1.5mVrms
1MHz	100Hz			正弦波
10MHz	1kHz			

分贝，如表 3-10 所示。

表 3-10　分　贝

范　围	可测量分贝范围	频　率	准　确　度
4V	−25.74 ~ 14.25dBm（0.04 ~ 3.999V）	30 ~ 200Hz	±0.5dB
40V	−5.74 ~ 8.24dBm（0.4 ~ 2.0V）	20 ~ 1kHz	±0.5dB
		1000 ~ 2kHz	±1.0dB
		2000 ~ 5kHz	±2.0dB
	8.24 ~ 34.25dBm（2 ~ 39.99V）	30 ~ 5kHz	±0.5dB
		5000 ~ 10kHz	±1.0dB
		10000 ~ 20kHz	±2.0dB
400V	31.76 ~ 54.25dBm（30 ~ 399.99V）	30 ~ 20kHz	±0.5dB
750V	51.76 ~ 59.71dBm（300 ~ 750V）	30 ~ 20kHz	±0.5dB

注：0dBm = 0.7746V，基于在600Ω负载施加1mW功率。（dBm）= 20LOG（V/0.7746）。

温度，如表3-11所示。

表 3-11　温　度

功　能	范　围	分辨率	准　确　度
℃	−20 ~ 1200℃	1℃	3% +5d（−20 ~ 10℃）
			3% +3d（10 ~ 350℃）
			3% +3d（10 ~ 1200℃）
℉	℉ = 32 +（9/5 × ℃）显示在副显示区		

逻辑电平，如表3-12所示。

表 3-12　逻辑电平

范　围	被测电压	主显示区	副显示区	备　注
40V	<0.8V	Lo	直流电压值	基于TTL逻辑电平
	>2.0V	Hi		
	0.8 ~ 2.0V	- - -		

电容，如表3-13所示。

表 3-13　电　容

范　围	分辨率	准　确　度	开路电压
100μF	0.01μF	3% +5d	3.2V（MAX）

电感，如表3-14所示。

表 3-14　电　感

范　围	分辨率	准　确　度	开路电压
100H	0.01H	3% +5d 0 ~ 20H	3.2V（MAX）
		5% +5d 20 ~ 50H	
		10% +5d 50 ~ 100H	

信号输出，如表3-15所示。

表 3-15　信 号 输 出

功　能	准 确 度	波　形	输 出 电 平
2048 Hz 4096 Hz 8192 Hz	±0.1%	方波　占空比50%	最小4.0V$_{p-p}$空载

时间计数，如表3-16所示。

表 3-16　时 间 计 数

范　围	分 辨 率	准 确 度	显　示	报　警
10 小时	1 秒	0.2% +1d	副显示区	蜂鸣器声

3.3.3　使用方法

A　测量直流电压

（1）功能旋转开关指向$\overline{V}$/Logic。

（2）把表笔插入图3-5所示的输入插孔，并接入被测电压。

（3）如果显示符号"OL"说明被测电压太高。

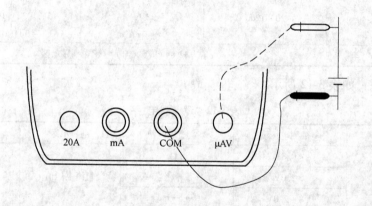

图 3-5　直流电压的测量

B　测量交流电压

（1）功能旋转开关指向：$\tilde{V}$/（dB）。

（2）把表笔插入图3-6所示的输入插孔，并接入被测电压。被测电压值显示在主显示区，对应的分贝值显示在副显示区。

（3）如果显示符号"OL"说明被测电压太高。

C　测量直流微安（小于400μA）级电流

（1）功能旋转开关指向 μA ⏚。

（2）断开被测支路，将万用表按图3-7串入电路中把表笔插入图3-7所示的输入插孔，在主显示区读取电流值。

（3）如果显示符号"OL"说明被测电压太高。

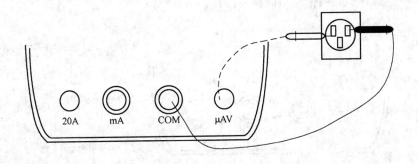

图 3-6　交流电压的测量

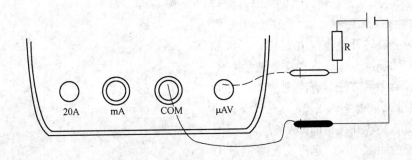

图 3-7　直流微安电流的测量

D　测量直流毫安（小于 400mA）级电流

（1）功能旋转开关指向 mA ⩦。

（2）断开被测支路，将万用表按图 3-8 串入电路中把表笔插入图 3-8 所示的（mA）输入插孔，并接入被测电压。

（3）如果显示符号"OL"说明被测电压太高。

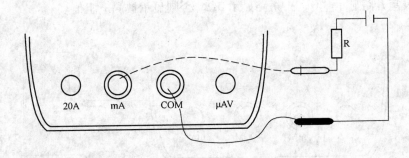

图 3-8　直流微安电流的测量

E　测量直流安培级（小于 20A）电流

（1）功能旋转开关指向 A ⩦。

（2）断开被测支路，将万用表按图 3-9 串入电路中把表笔插入图 3-9 所示的（20A）输入插孔，并接入被测电压。

（3）如果显示符号"OL"说明被测电压太高。

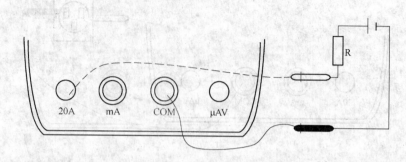

图3-9 直流安培电流的测量

F 测量交流微安级电流（μA）

（1）功能旋转开关指向 μA ⌒。

（2）按功能键一次，选择交流测量方式。

（3）其余测量方法与直流测量方法相同。

G 测量交流毫安级（mA）电流

（1）功能旋转开关指向 mA ⌒。

（2）按功能键一次，选择交流测量方式。

（3）其余测量方法与直流测量方法相同。

H 测量交流安培级（小于20A）电流

（1）功能旋转开关指向 A ⌒。

（2）按功能键一次，选择交流测量方式。

（3）其余测量方法与直流测量方法相同。

I 测量电阻

（1）功能旋转开关指向 Ω/·)），其余如图3-10所示。

（2）表笔开路显示"OL"；短路显示0Ω。否则显示被测电阻值。

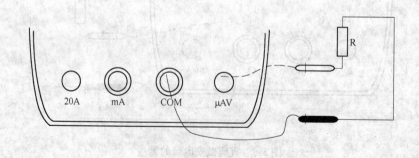

图3-10 电阻的测量

J 线路的通断测试

（1）功能旋转开关指向 Ω/·)），按功能键一次。选择通断测试模式。其余如图3-11
所示。

70

（2）线路开路显示"**OPEn**"；短路显示"**Shrt**"，副显示区显示被测电阻值，同时蜂鸣器发声。

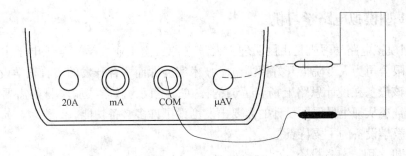

图 3-11　线路通断的测量

K　测试二极管的好坏

（1）表笔插孔与测量电阻相同；功能旋转开关指向 ▬▶◀ 。

（2）主显示区显示结果如表 3-8 所示。

（3）副显示区显示实际电压值。

L　测量逻辑电平

（1）表笔插孔与测量电阻相同；功能旋转开关指向：$\overline{V}$/Logic，按功能键一次。

（2）主显示区显示结果如表 3-11 所示。

（3）副显示区显示实际电压值。

M　测量频率

（1）表笔插孔与测量电阻相同；功能旋转开关指向：Hz（V），表笔接入信号源。

（2）主显示区显示频率。

（3）副显示区显示实际电压值。

N　测量电容

（1）表笔插孔与测量电阻相同；功能旋转开关指向：⊣⊢/〰，表笔接入电容器。

（2）主显示区显示被测电容值。

O　测量电感

（1）表笔插孔与测量电阻相同；功能旋转开关指向：⊣⊢/〰，按功能开关一次，表笔接入电感器。

（2）主显示区显示被测电感值。

P　信号输出

（1）表笔插孔与测量电阻相同；功能旋转开关指向：SigOut，2.048kHz，$5V_{P-P}$的方波从表笔输出。按一次功能键，信号频率变为 4.096kHz。再按一次功能键，信号频率变为 8.192kHz。

（2）主显示区显示信号频率。

Q　测量温度

（1）表笔插孔与测量电阻相同；功能旋转开关指向：Temp，表笔开路时主显示区显示周围环境温度（摄氏温标）。

（2）"K"型测温专用表笔可以测量 $-20 \sim 1200\text{℃}$❶范围的温度。

3.4 KA-1 型模拟电路学习机

KA-1 型模拟电路学习机是由昆明理工大学（原云南工业大学）电工电子中心与昆明科英电子有限公司为大专院校开好模拟电子技术实验课而联合开发的实验教学设备，如图 3-12 所示。该设备在设计思路上扬弃了旧的模式，不仅为教学实验本身的需要作了充分的考虑，而且还从师生做课题设计的需要出发增设了许多必备功能。

该实验教学设备的主要特点是：

（1）一机多用，节省投资。

（2）功能较多，覆盖面大。

（3）使用灵活，操作方便。

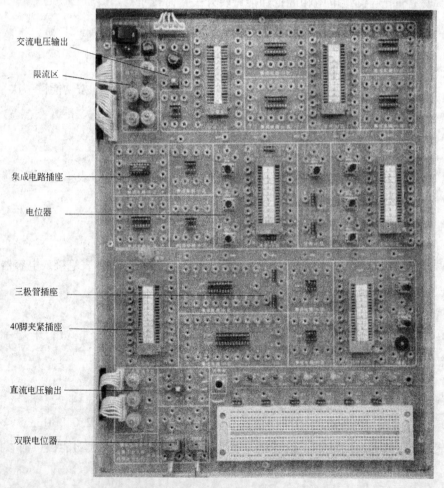

图 3-12 KA-1 型模拟电路学习机

---

❶ 更换高温表笔。

（4）接插件接触可靠，使用寿命长。

（5）电源使用安全、方便。

（6）结构合理、维修方便。

3.4.1　电源

（1）本学习机用220V交流电源供电，按左上角的电源开关"C"电源接通，指示灯亮，机内所提供的交流及直流电源同处在工作状态，按下"T"关机。

（2）交流电源：该机提供了一组50Hz双6V交流电源，可作为单相整流滤波稳压实验电路的电源及其他实验所需的交流电源。使用该电源时，请务必使实验线路通过交流电源开关（$1K_1$、$1K_2$）及保险管（A，B）。例如，需要12V交流电源，线路可按图3-13虚线走向接线。

（3）该机还提供了五组直流电源：+5V可调直流电源(电压调节范围为1.25~8V)；±12V固定直流电源；0~±12V可调直流。为便于同学接线，

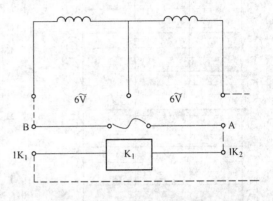

图3-13　使用交流电源时的接线方式

在面板上有三条电源插排（相同标号插孔是相通的），每条电源插排的直流电源插孔排列从左自右为+5V、GND、+12V、GND、-12V、GND。

在面板左下方有三路直流电源插孔，从上至下排列为±0.4V、0~12V、0~-12V这三路的电压调节由左边对应的电位器用小起子来调节，将电压表接在被测电源插孔内即可测得所需电压值。

（4）限流调节区。全部直流电源均有短路保护装置，一旦某路电源发生短路现象，电压将自动降为零，同时，该路报警灯灯亮且报警喇叭发出声响。若电源的某路输出电流超过设定的电流值时，电压将自动降低，同时该路报警灯亮且报警喇叭响。无论是短路报警还是过流报警，此时应立即将电源开关断开。待故障排除后，再合上电源开关。在学生做实验之前，由指导教师事先调好各电源所需的限流值，学生实验时可避免烧毁元器件和设备。各路电压的限流范围为：+5V挡限流范围4~200mA；±12V挡限流范围4~200mA；±0~12V挡限流范围5~500mA。

3.4.2　实验用IC插座

（1）在面板上设有12个集成电路器件区，<1>、<2>区为16脚IC双列直插式插座；<3>、<4>、<5>、<6>区为14脚双列直插式插座；<7>、<8>、<11>、<12>区为8脚IC双列直插式插座；<9>区为9脚IC单列直插式插座两个；<10>区为12脚IC单列直插式插座两个；在"限流调节区"和元件<1>区之间还有两个3脚单列IC插座，在使用集成电路之前应查明各管脚的具体功能，弄清它的引脚排列，确认电源、输入端、输出端、地的位置，以免出错造成人为故障，双列直插式集成电路管脚图，

一般是顶视图由左下角起按逆时针方向，依次为1、2、3……引脚数上下对称排列，例如A741的外引线排列图如图3-14所示。

（2）本机面板上连接元件的标准插孔和导线插柱全采用了高性能防旋转旋紧式锥形单孔插座以及与之相配套的可选插导线插柱，插头与插座之间的导电接触面积比一般插件要大得多，因而接触电阻极其微小，在插入插头时略加旋转（顺时针），可获得极大的轴向锁紧效应，而在拔出时采用（逆时针）旋转才可以轻松地将插头拔出，切忌直接用力拔出插头，以免导线损坏。

在板上还配有六个40脚带夹紧装置的IC插座，分别放置在元件区＜1＞，＜2＞，＜3＞，＜5＞，＜6＞，＜7＞中，排线如图3-14所示。可以插接二端元件或其他集成电路元件，二端元件插入占两个插孔，二端元件的引线线径可允许在0.3～1.2mm之间，孔径兼容性强，接触可靠，解决了以往使用针孔插座寿命短，插接线线径单一的缺陷。做实验时可以根据电路原理的设计要求把所需元器件插入插孔或插座，通过各插孔或插座的对应标准引出插孔，连接标准的连接导线，完成电路的搭接，然后按下手柄，夹紧各元件管脚，保证接触牢靠。实验结束后，将手柄朝上扳起，取出元件，实验中需要测试电

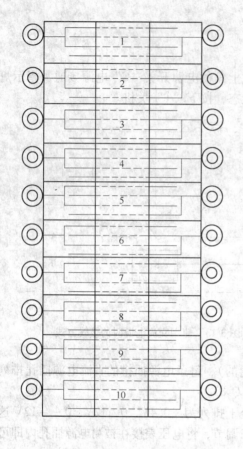

图3-14　40脚夹紧插座示意图

路和工作点时，测电流可断开连接导线，将电流表表笔插入原导线的连接插孔中，电流表即串入电路，测电压则可将电压表表笔直接插入测试点的插孔中，电压表即并入电路。主机板面板上没有电路原理图，学生必须清楚地了解实验电路的原理和设计思路以及准确地掌握电路元件之间的实际连接关系，才能完成实验。这有助于培养学生理论联系实际的能力和增强他们的工程意识。

3.4.3　LED显示

由红、黄、绿色各两只的发光二极管组成显示电路，使用时在显示器输入插孔 D_1 ～ D_6 中接入被显示的信号，当显示插孔输入高电平时相应的发光二极管点亮，当输入低电平时，发光二极管不亮。

3.4.4　其他

面板上还有六个三极管插座，便于做分立元件实验；九个电位器，（1kΩ、3kΩ、5kΩ、10kΩ、50kΩ、100kΩ、1MkΩ）。电位器有三个接线插孔，其中①、③为固定端，

②为活动端；双联电位器两对（100kΩ）；双口双掷开关一个；蜂鸣器一个；话筒插座一个；面包板一块；一个接地香蕉插座，用于和示波器的接地端连接。

整机主板电路如图 3-12 所示。

3.4.5　注意事项

（1）通电使用时，应先检查所需电源是否正常，接线或改接线路时必须先断电源。

（2）若报警装置动作时，应立即关断电源开关，待故障排除后，方可接通电源。

（3）使用面板上交流电源时，请务必使实验线路通过交流电源开关及保险管。

（4）切忌直接用力拔出插头，实验结束后将所有带夹紧装置的 IC 插座手柄朝上。

3.5　SAC-DS2 型数字电路学习机

SAC-DS2 型数字电路学习机是学习《数字电子技术》课中做各种数字电路实验以及进行数字电路大型综合性课程设计时所必需的实验设备。

因此在实验前必须了解它的结构和操作方法，以便能顺利地完成各个实践教学环节。

SAC – DS2 型数字电路学习机由主机和附带的装有五条面包板的一块课程设计专用实验板组成。主机面板示意如图 3-15 所示。

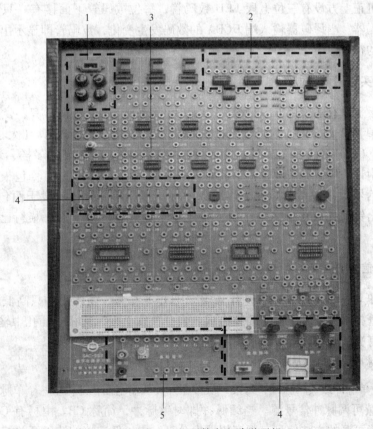

图 3-15　SAC-DS2 型数字电路学习机

1—电源；2—LED 显示部分；3—实验用 IC 插座；4—信号源；5—多踪显示器

75

该学习机的主要特点是：

（1）一机多用节省投资；

（2）功能多，用途广；

（3）操作方便灵活；

（4）接触可靠，使用寿命长。

3.5.1　电源

本机用 220V 交流电源供电。接通左上角总电源开关后，指示灯点亮同时机内可提供四组直流电源 +5V/1A 两组，一组供主机本机内部使用，一组作为学习机上做实验的电源；两组 ±15V/0.3A 电源，可提供 CMOS 集成电路和线性组件使用。

使用时，要特别注意所用器件是 TTL 集成电路还是 CMOS 集成电路，以便选择相应的电源电压，从而避免损坏器件。

3.5.2　LED 显示

在学习机主面板右上角设有 16 只 LED 显示器，用发光二极管的亮与不亮来监视逻辑电路的逻辑电平。各发光二极管对应一个输入插座，当输入高电平时，相应的发光二极管亮；当输入低电平时，发光二极管熄灭。

在学习机正上方设有三位七段 LED 数码管，每位数码管下面接有一只 74LS248 作二－十进制译码器。当译码器输入端 DCBA 的数码发生变化，数码管即显示出十进制数或十六进制相应的符号。

3.5.3　实验用 IC 插座

在主面板上设有实验用 IC 双列直插式插座共 18 只。其中 8 脚 2 只，供插功放及运放集成块用；10 脚 2 只，供插数码管用；14 脚 7 只，16 脚 3 只，20 脚（大小兼容）2 只，24 脚，28 脚（大）各 1 只。另外，为了使学习机用途广泛，灵活多样，装有一块面包板，还另外附带一块由五条面包板组装而成的课程设计专用实验板。面包板上做实验时需要的电源、信号源（包括单脉冲、连续脉冲等）可用单芯导线从设于面包板上方电源、信号源的输出针眼插孔中引入。主机面板上的块面包板的最下面一横行已与地（GND）连通。

3.5.4　信号源

（1）高低电平信号源。本机设有 12 组高低电平信号，每组由一只高低电平开关、一只发光二极管指示器及一个输出插座组成。当开关往上扳，从相应插孔中输出约 3.5V 高电平，指示灯亮；开关往下扳，输出低电平（0V），指示灯灭。

（2）单脉冲信号源。从单脉冲微动按钮开关上方标有"　　 ⎍ 　　 ⎈ 　"符号的插孔中分别输出正单脉冲或负单脉冲，每按一次按钮开关从输出插孔即输出一个单脉冲信号。

（3）连续可调脉冲信号源。连续脉冲即时钟脉冲，简称 CP。由标有 CP 的输出插孔输出频率连续可调的方波信号。频率粗调由分高、中、低三挡的波段开关控制，频率微调由电位器来调节。

(4) 固定高频信号源。从标有 1MHz，2MHz 的插孔可提供相应频率的方波信号，供需要高频信号源时使用。

3.5.5 多踪显示器

在数字电路实验中，有时需要用示波器同时观察电路中某些信号的工作波形。例如观察二-十进制计数器电路的 CP、Q_0、Q_1、Q_2、Q_3 等五个信号波形。若用双踪示波器观察一次仅能同时观察两个信号的波形，五个信号必须用轮换的办法来观察，用多踪显示器与示波器配合后就能用双踪示波器的一个通道在其荧光屏上同时显示出八条信号的工作波形。

使用时，打开多踪显示器电源分开关，用专用接地线将学习机的接地端与示波器的接地端连通，用专用同轴电缆线或叠插线将多踪显示器的输出接至示波器的某一输入通道，将连续脉冲信号源的时钟脉冲 CP 送至多踪显示器的时钟信号输入插座 CP 端，把所要观察的多路信号按顺序分别接至多踪显示器的输入端 $I_0 \sim I_7$（不用的悬空），从所观察的多路信号中取频率最低的一路信号作为外触发信号，用探极线接至外触发输入插座，示波器的触发源选择开关 SOURCE 扳至 EXT 外接位置，适当调节时钟脉冲 CP 的频率，示波器的 X 轴、Y 轴位移旋钮，Y 轴衰减器以及扫描速度，即可在荧光屏上稳定地同时观察被测的多路信号波形。

多踪显示器使用注意事项：使用时操作步骤应该按上述使用方法顺序进行，一定要先接多踪显示器电源后，再接入被观察的输入信号；拆除线路时，要先拆除被测输入信号，后关多踪显示器电源分开关，以免损坏器件。

3.5.6 其他

在 SAC-DS2 型数字电路学习机主面板上还安装了一只蜂鸣器、三个电位器（1kΩ、10kΩ、100kΩ 各一只）、11 个转接插座和 9 个电阻电容插座，供不同实验需要时选用。

3.6 晶体管毫伏表

晶体管毫伏表是用来测量正弦交流信号电压有效值的仪器，它具有输入阻抗高频率范围宽，以及电压测量范围广、灵敏度高等优点，特别适合电子电路中应用。

3.6.1 DA-16 型和 SX2172 型毫伏表主要技术性能指标

电压测量范围：1mV ~ 300V。

被测电压频率范围：DA-16 型　　20Hz ~ 1MHz

　　　　　　　　　SX2172 型　　5Hz ~ 2MHz

输入阻抗：　　　　DA-16 型　　在 1kHz 时输入电阻约为 1.5MΩ

　　　　　　　　　SX2172 型　　1 ~ 300mV 时　　8MΩ ±10%

　　　　　　　　　　　　　　　1 ~ 300V 时　　10MΩ ±10%

DA-16 型晶体管毫伏表面板布置如图 3-16 所示。

SX2172 型晶体管毫伏表面板布置如图 3-17 所示。

图 3-16　DA-16 型晶体管毫伏表

图 3-17　SX2172 型晶体管毫伏表

3.6.2　使用方法及注意事项

毫伏表与指针式电压表的使用方法完全相同，调节好量程后，把表笔并联接入被测电路两端，读取数据即可。

由于毫伏表属于电子仪器，它的过载能力较弱，为防止毫伏表过载，使用前应将量程选择开关置于 3V 以上挡位。

使用毫伏表之前，应该进行机械调零。即接通电源后将仪表输入端与接地端短接，检查指针是否指向零点，若未指向零点则须用起子调整到零（一般在使用前已由实验室调好零点）。

接线时应先将接地端（黑色端）与被测电路接地端相接，然后将输入端（红色端）接入被测电压点，拆线顺序与接线顺序相反，先拆输入端，后拆接地端。在测量之前应根据被测电压的大小选择合适的量程，若被测电压范围不明，则应先选择最大量程，然后再逐步调到合适的量程上。

在操作过程中，应避免手指触及输入端，否则会引入人体感应电压，导致仪表工作不正常。测量完毕应将量程选择开关置 3V 以上挡位。

仪表具有两条刻度标尺，一条满标为 10，另一条满标为 30。读数时，应该根据量程选择开关位置 1×10^n 或 3×10^n（$n = 0 \sim 2$）读取相应的 10 或者 30 的标尺。

3.7 GFG-8015G 型函数发生器

3.7.1 技术指标

（1）频率范围：0.2Hz～2MHz（7 段）

（2）频率精确度：±5% 满刻度

（3）VCF（压控振荡）：大致 0～10V（±1V）以 1000∶1 频率比输入。

输入电阻：约 10kΩ

（4）主要输出（50Ω）

1）波形：方波、三角波、正弦波、脉冲波及斜坡波。

2）幅度：>20V_{pp} 开路；

>10V_{pp} 50Ω 输入电阻。

3）衰减：连续变化的 20dB 加 20dB 衰减输出。

4）直流电平（可变）

+10～－10V 开路；

+5～－5V 50Ω 输入电阻。

5）正弦波失真：<1% 2Hz～200kHz；

典型值 <5%；

－20dB 在 200kHz～2MHz 整个范围内，刻度盘上 0.2 和 2.0 之间。

6）正弦波频率灵敏度：<0.1dB 0.1Hz～200kHz；

<0.5dB 200kHz～2MHz。

7）方波：上升时间小于 100ns。

8）畸变：<5% 最大峰峰值。

（5）脉冲输出：

固定幅度 >+3V 开路；上升时间 <25ns，可连接 5 个 TTL 负载。

（6）电源：110V/AC±10% 或 220V，240V/AC±10%；50/60Hz；功率：5W。

3.7.2 前面板说明

GFG-8015G 型函数发生器面板图见图 3-18，图中各旋钮介绍如下：

（1）电源开关。电源开关用于给函数发生器提供电源。

（2）电源指示灯。当给函数发生器提供电源时电源指示灯点亮。

（3）频段开关。频段开关由七个 10 倍乘频率按键组成，每一个互锁键，当按下一个按键就会释放其他所有按键。

（4）波形选择开关。三个互锁按键将提供你所希望输出的波形。可提供方波、三角波、正弦波。

（5）频率调节刻度盘。该刻度盘由可变电位器构成，结合频段开关，旋转此刻度盘可以得到所需频率。

（6）占空比控制旋钮。该旋钮可控制输出波形时间对称性以及 TTL 脉冲输出。当该旋钮在校正位置时，输出波形的时间对称性是 50/50 或对称性为 100%。

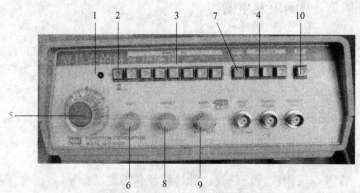

图 3-18 GFG-8015G 型函数发生器

1—电源开关；2—电源指示灯；3—频段开关；4—波形选择开关；5—频率调节刻度盘；6—占空比控制旋钮；
7—斜坡波/脉冲波转换键；8—直流位移旋钮；9—幅度旋钮；10—衰减器

（7）斜坡波/脉冲波转换键。该按键可转换由占空比控制旋钮设定的时间对称性。表 3-17 描述了转换键和占空比控制键的影响。

表 3-17　转换键与占空比控制键

斜坡波/脉冲波转换键	占空比控制键	方　波	主要输出三角波	正弦波	脉冲输出
拉　出	校　正				
按　进	校　正				
按　进	顺时针旋到底				
拉　出	顺时针旋到底				

（8）直流位移旋钮（拉出调整）。该旋钮可提供所希望输出波形允许的直流电平。注意：电平值加上设置的幅度不能超过峰-峰值。

表 3-18 描述了直流位移旋钮的影响。

表 3-18　直流位移旋钮

直流位移	幅　度	输　出	直流位移	幅　度	输　出
0	最　大	+10V +10V	顺时针中间位置	最　大	+10V -10V
顺时针旋到底	最　大	+10V 0V	逆时针中间位置	最　大	+10V +10V
逆时针旋到底	最　大	0V -10V			

（9）幅度旋钮。调整幅度旋钮，可以改变信号输出幅度大小。在正弦波时不进行衰减，该旋钮顺时针旋到底幅度可达 7V，逆时针旋到底幅度为 80mV。将该旋钮拉出，输出幅度衰减 20dB。

（10）衰减器。当按下此键，可将输出幅度衰减 20dB。

（11）输出端。此输出端可以的最大电压峰-峰值为 20V（开路）的方波、三角波、正弦波、斜坡波和脉冲波（衰减器开关拉出的情况下）。

（12）压控振荡输入端。此输入端用于外部提供频率。在此端施加约 10V 的信号将使函数发生器扫描频率下降 1000∶1，而通过加负电压于此输入端可使扫描频率上升。

（13）脉冲输出端。该端输出的 TTL 信号适合驱动 TTL 逻辑电路，脉冲的上升和下降时间典型值为 10ns，脉冲宽度和重复率也可由波段开关和频率调节度盘及占空比控制器设置。输出脉冲的对称性同样可用表 3-17 描述。

3.7.3　注意事项

（1）输出电缆只能接到输出端插座上，而不能接到其他端子。

（2）输出电缆的正负极不能短接。

（3）要输出信号，必须按下波形选择开关中的一个按键及频段开关中的相应按键，否则没有信号输出。

（4）仪器使用完毕，要将所有旋钮、按键复位，即旋钮逆时针旋到底，按键弹起。

3.8　SS-7802 型三踪示波器

SS-7802 型三踪示波器是日本岩崎公司生产的模拟光标读出示波器。它的频带宽度为 DC～20MHz（−3dB），垂直系统输入灵敏度从 $2 \times 10^{-3} \sim 5V$/格，按 1-2-5 步进分 11 个挡级，水平系统扫描时间从 $0.2\mu s$/格～$0.5s$/格，共分 20 个挡级。

该示波器的主要特点是：具有光标测量及数字读出功能，带一五位数字频率计，频率计的精度为 ±0.01%，具有单次扫描功能，垂直轴灵敏度精度为 ±2%，采用高清晰、高亮度、高加速电压（2kV）、六英寸内刻度示波管，内置中央处理器更进一步增强测量的精度及灵活性，具有卷页式（SCROLL）微调功能，能改善水平位置的调校，输入端配备探头感应功能，整机性能价格比较高，操作简单，使用方便，电压适应范围宽，功耗小。

3.8.1　使用前注意事项

（1）不可将任何物品置于仪器的通风孔及排气扇附近。

（2）应采用符合要求的电源供电，电压：180～250V，频率：48～440Hz，耗电量：110VA（最高）。

（3）当电源开关置于备用（STBY）状态时，必须确定电源线是否已连接好。

（4）如果长时间不用该仪器或实验做完后，应将电源插头拔掉。

（5）不可在输入端输入超过额定值的电压。通道（CH1、CH2）输入：直接输入：±400V（最大）；用 SS-088、SS-0110（10∶1）或同等之探头输入：±600V（最大）。

外触发输入（EXTINPUT）：±400V（最大）。

（6）示波器荧光屏上扫描线或光点的亮度以及文字显示的亮度不宜调得过亮，这有两个原因：

    1）保护使用者眼睛以免视力受损或过度疲劳；

    2）保护示波管以免提早老化。

示波器荧屏上显示的内容及位置　示波器荧屏上显示的内容及位置如表 3-19 所示。

表 3-19　荧屏上显示的内容及位置

扫描速度	触发源	触发极性	触发耦合	触发电平	休止时间功能旋钮
		电压变化（ΔV）或时间变化（Δt）测量			频率计
CH1	灵敏度	耦合　相加　CH2	反相	灵敏度	耦合　扫描扩展

示波器荧屏上显示的内容及位置的一个实例如表 3-20 所示。

表 3-20　屏幕上文字显示的例子

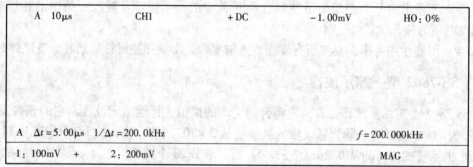

如何阅读荧屏上显示的内容呢？这台示波器具有光标测量及数字读出功能，仪器面板上各操作控制件（旋钮、按键等）的状态及测量的数值均在荧屏上直接显示出来，所以熟悉荧屏上显示的内容是熟悉操作使用这台仪器的关键。

符号"□"表示按键，符号"〔〕"表示旋钮。

电源开关：符号"$\frac{\sqcap}{ON}$"表示仪器已进入工作状态（若电源已接上），符号"$\frac{\sqcap}{STBY}$"表示仪器处于备用状态，主电源已被关闭。此时若交流电源插头仍接在电源上，电源只向内置微处理器供电。当交流电源被拆除或停止供电时，内置电池将负责维持内存面板设定资料。

关于消除探极负载效应问题。当进行测量时，若把信号直接接入示波器，则所得到的测量结果可能受仪器本身的输入阻抗的影响，其输入 RC 常数为"1MΩ，25pF"；如果采用 10:1 探头衰减时 RC 常数则为"10MΩ，22pF"，用这方法，负载效应将大为削减，而测量结果的精度将大为提高。

关于接地。在测量时，应将示波器的接地端（在通道 1 输入插座左边）连接到被测线路的接地点上。特别是在测量高频信号时，接地点更为重要，必须将探头的接地引线尽量连接在与信号最近的接地点上。

关于断电时的设定储存。这台示波器具有断电时的设定储存功能。当仪器的电源被切断时，电源切断前的面板设定状态将被储存，由内置电池维持面板设定资料。当电源重新接通时，断电前的面板设定将显示出来，使用者可继续操作。

3.8.2　面板介绍

SS-7802 型三踪示波器前面板如图 3-19 所示。

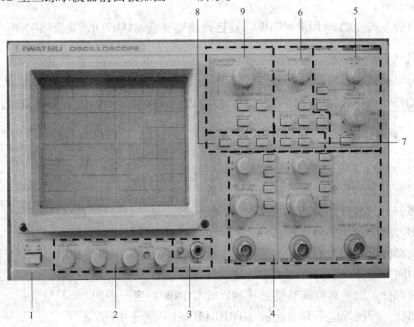

图 3-19　SS-7802 型三踪示波器

1—电源开关；2—辉度及显示调整部分；3—校准信号电压输出端子及接地端子；4—垂直轴部分；5—水平部分；
6—触发部分；7—水平显示；8—扫描方式选择按键；9—功能旋钮、光标测量等部分

（1）电源开关：用于接通交流电源（ON）或进入备用（STBY）状态。

（2）辉度及显示调整部分：包括荧光屏上波形及光点亮度调节旋钮［INTEN］，文字显示的控制及亮度调节旋钮［READOUT］，聚焦调节旋钮［FOCUS］，扫描线校正口［TRACE ROTATION］以及刻度盘亮度调节旋钮［SCALE］。

（3）校准信号电压输出端子（CAL）及接地端子（⏚）。

（4）垂直轴部分：包括通道 1、通道 2 的输入连接器 CH1、CH2 插座，外触发输入连接器 EXT TRIG INPUT，灵敏度选择旋钮［VOLTS/DIV］，垂直移位调节旋钮［▲POSITION▼］，通道 1、通道 2 选择按键 CH1、CH2，输入耦合方式选择按键 DC/AC、GND，相加、相减控制按键 ADD、INV。

（5）水平部分：包括水平位移调节旋钮［◄POSITION►］及微调控制按键 FINE，扫描速度选择旋钮［TIME/DIV］，扫描扩展控制按键 MAG×10，显示方式选择按键 ALT CHOP。

（6）触发部分：包括触发电平调节旋钮［TRIG LEVEL］，触发缘选择按键 SLOPE ，触发源选择按键 SOURCE ，触发耦合方式选择按键 COUPL ，视频触发方式选择按键 TV，等待触发指示灯（READY）及触发指示灯（TRIG'D）。

（7）水平显示（□HORIZ DISPLAY□）部分：包括水平显示方式选择按键 A 及 X－Y 。

（8）扫描方式（□SWEEP MODE□）选择按键：自动 AUTO 、常态 NORM 、单次/复位 SGL/RST 。

（9）功能旋钮、光标测量等部分：包括功能旋钮［FUNCTION］、光标测量选择按键 ΔV－Δt－OFF ，光标选择按键 TCK/C2 ，扫描休止（间隙）时间选择按键 HOLDOFF 。

3.8.3　基本操作

A　扫描线的显示和荧光屏的调整

（1）将面板上的下列旋钮设置于下述位置：

荧屏部分　　亮度［INTEN］、聚焦［FOCUS］、文字显示［READOUT］、刻度线亮度［SCALE］等均置于中间位置。

垂直轴部分　通道 1（CH1）和通道 2（CH2）垂直位移调节旋钮［▲POSITION▼］位置置于中间。

水平轴部分　水平移位调节旋钮［◀POSITION▶］置于中间。

触发部分　　触发电平调节旋钮［TRIG LEVEL］置于中间。

（2）核实仪器的交流电源输入插头已插在交流电源插座上后，接通电源开关，将扫描方式选择的自动按键 AUTO 和水平显示的主扫描按键 A 按下，预热约 10s 后，荧屏中间将出现一条扫描线，如图 3-20a 所示。

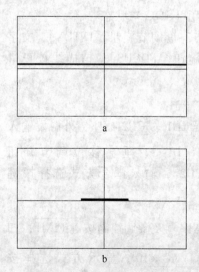

图 3-20　示波器时基线的调整

（3）旋转辉度调节旋钮［INTEN］，以调节扫描线的亮度。

（4）按下辉度调节旋钮［INTEN（BEAM FIND "寻找扫描线"）］的端面，这时将垂直及水平扫迹压缩在荧屏显示分度范围内，如图 3-20b 所示。待扫描线位置确定后，手一松开，回到正常状态。此时若荧屏上无文字显示时，可按一下文字显示调节旋钮［READOUT］的端面，它可开启/关闭文字显示。

（5）荧光屏上有文字显示后，旋转文字显示亮度调节旋钮［READOUT］，以调节文字显示的亮度。

（6）旋转聚焦调节旋钮［FOCUS］，以调节扫描线及文字显示的聚焦状况。当波形输入后，可再调整亮度和聚焦，直至亮度适中、波形最清晰的最佳状态为止。

（7）转动刻度盘刻度线亮度调节旋钮［SCALE］，

以调节刻度线亮度。

如果扫描线因受地球磁场影响而倾斜时，用小起子调节前面板上的"扫描线校正（TRACEROTATION）"。

B 探头补偿

当示波器的探头选用10:1衰减时，若不进行良好的相位补偿，显示出来的波形将畸变而产生测量误差，因此在使用之前必须对探头进行检查和调节。

检查和调整时，把探头接到通道1或通道2的输入插座上，探头的探针顶端接到校准信号电压输出端（CAL）上，调节相应的灵敏度选择旋钮（V/格）和扫描速度选择旋钮（s/格），使在荧屏上显示出幅值为4~6格的1~2个完整波形，用无感起子调节探头上的补偿电容，使屏幕上显示波形的顶部最平坦，如图3-21a所示。

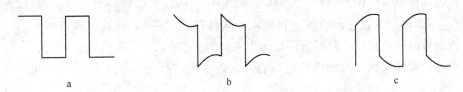

图 3-21 探头补偿

a—经正确补偿的波形；b—过度补偿的波形；c—欠补偿的波形

SS-7802 型示波器输入端（CH1，CH2，EXT TRIN）配备有探头感应功能，当使用SS-087R 或 SS-081R 探头时，探头感应器能检测1:1、10:1、或100:1的比值，并自动校准所显示的挡位，衰减后的电压经衰减率补偿后可在荧屏上直接显示出来。

目前该示波器所附的 SS-088 或 SS-0110 型探头没有探头感应功能。

C 垂直及水平定位

调整垂直及水平位置，可将波形移到一个比较容易观察的位置，或方便对两组以上的波形进行重叠比较。

（1）将 CH1 或 CH2 的垂直移位调节旋钮［▲POSITION▼］朝向顺时针或逆时针方向转动，相应的波形将向上或向下移动。

（2）将水平移位调节旋钮［◀POSITION▶］朝顺时针或逆时针方向转动，波形将向右或向左移动。

（3）按下微调按键 FINE ，FINE 指示灯将亮着或熄灭。当 FINE 指示灯亮着时，转动水平移位调节旋钮［◀ POSITION ▶］可作微调。如果将水平移位调节旋钮［◀POSITION▶］转到尽头，波形将不断滚动，此时将水平移位调节旋钮略微回转，可停止滚动并令波形回到荧屏正中。

D 垂直偏转系统

a 灵敏度调整

设定灵敏度即设定波形幅度以适合观测。

（1）转动 CH1（或 CH2）的灵敏度选择旋钮［VOLTS/DIV］以选择合适的灵敏度。灵敏度选择范围由 2mV/格到 5V/格（为 1-2-5 步进）。灵敏度显示于荧屏左下角。在灵敏度换挡操作时，若发现扫描线向上或向下移动，应进行自动校准程序（参见 3.8.5 小节）。

（2）按一下 CH1（或 CH2）的灵敏度选择旋钮 ［VOLTS/DIV］ 的端面，灵敏度显示将加上 "＞" 符号，在这种情况下，转动灵敏度选择旋钮，可进行灵敏度微调操作。若再按一下灵敏度选择旋钮 ［VOLTS/DIV］ 的端面， "＞" 符号消失，退出微调操作方式。

（3）转动 CH1（或 CH2）的灵敏度选择旋键 ［VOLTS/DIV］，以改变灵敏度。当灵敏度可调整值达到最高或最低时，荧屏上将显示出 "CH1（或 CH2）VAR LIMIT（灵敏度调整已达到极限值)"。

b 输入耦合

根据不同的输入信号选择合适的耦合方式。

（1）选择接地（GND）。按一下 CH1（或 CH2）的接地按键 GND ，以启动接地功能（在荧屏左下角耦合方式显示位置上将显示出接地符号 "⏛"。此时，垂直放大器的输入端与被测信号断开并接地，荧屏上将显示出一地电位扫描线。

接地时，如果发现与实际接地电位有差异时，应进行自动校准程序（参见 3.8.5 小节）。

（2）选择直流（DC）或交流（AC）耦合。按一下 CH1（或 CH2）的接地按键，以关闭接地功能。接着按 CH1（或 CH2）的耦合方式选择按键 DC/AC ，以选择直流（DC）或交流（AC）耦合方式。当耦合方式选择直流（DC）时，显示输入信号的直流（DC）和交流（AC）成分。校准信号波形（CAL）以地电位为显示基准线。

当耦合方式选择交流（AC）时，只显示输入信号中的交流成分，而直流成分被隔断。校准信号波形（CAL）以平均电位作显示。在文字 "V" 的上方加上交流符号 "～"。

c 通道显示

信号输入到通道 1（CH1）或通道 2（CH2）来显示。

（1）按通道 1（CH1）或通道 2（CH2）按键，设置通道接通（显示）或断开（不显示）。在通道选择显示时，荧屏左下方将显示通道编号（1、2）、灵敏度（V/格）及输入耦合方式。被关闭的通道将不作任何显示。

（2）当所有通道（CH1、CH2 及 ADD）被关闭时将显示 CH1。

d 交替（ALT）及断续（CHOP）扫描方式的选择

当两个通道同时显示时选择交替（ALT）或断续（CHOP）扫描方式。

（1）首先选择通道 1（CH1）和通道 2（CH2）同时显示。

（2）按扫描方式选择按键 ALT/CHOP 以选择交替（ALT）或断续（CHOP）扫描方式（当指示灯亮着时为断续 "CHOP" 扫描方式）。

当选择交替（ALT）时，两个输入信号交替扫描。这种扫描方式适合于观察频率比较高的信号。

当选择断续（CHOP）扫描方式时，两个输入信号约以 555kHz 的速度切换显示。这种扫描方式适合于观察低频信号。

e 相加（ADD）及相减（INV）

选择 ADD 及设定 INV，可选择对两通道信号作相加（CH1 + CH2）或相减（CH1 – CH2）

操作。

（1）先选择通道 1（CH1）和通道 2（CH2）同时显示。

（2）按 ADD 按键选择相加功能（荧屏左下方显示" + "符号），荧屏上显示 CH1 及 CH2 两个信号相加后的波形（CH1 + CH2）。

（3）按 INV 按键，设置 CH2 反相功能（荧屏左下方通道编号"2"后显示"↓"符号），这时 CH2 的信号被反相，荧屏上显示出两信号相减后的波形（CH1-CH2）。

E　扫描速度及其扩展

a　扫描速度

选择 A 扫描的扫描速度（TIME/DIV）。

（1）转动扫描速度选择旋钮〔TIME/DIV〕以选择扫描速度。扫描速度显示于荧屏左上角。波形放大或缩小以扫描起始点为基础。

（2）要设置扫描微调时，按一下扫描速度选择旋钮〔TIME/DIV〕的端面，这时在荧屏左上角显示的扫描速度前显示" > "符号，表示扫描时间不可作准，在这种情况下，转动扫描速度调节旋钮，可进行扫描微调操作。若要退出扫描微调方式，再按一下扫描速度调节旋钮〔TIME/DIV〕的端面即可，荧屏左上角扫描速度前的" > "符号也随即消失。

当扫描速度调整到最高或最低值时，荧屏上将显示"CH1（或 CH2）VAR LIMIT"（已达到极限值）。

b　扫描扩展

将以水平中心线为基准的信号扩展 10 倍。

（1）用扫描速度调节旋钮〔TIME/DIV〕设定扫描速度。

（2）将需要作扩展的波形移至屏幕中心线位置。如图 3-22a 中粗实线部分将被扩展。

（3）按一下 ×10 倍按键 MAG × 10 ，扫描速度扩展 10 倍，波形从荧屏中心线向左右作出扩展，荧屏右下角显示出"MAG"，如图 3-22b 所示。

F　扫描方式

选择扫描方式——自动（AUTO）、常态（NORM）或单次（SINGLE）。

a　重复扫描——选择自动（AUTO）或常态（NORM）

操作步骤：

（1）在扫描方式部分中的自动（AUTO）或常态（NORM）按键按下，以选择重复扫描。当选择自动（AUTO）方式时，AUTO 指示灯将亮着；当选择常态（NORM）方式时，NORM 指示灯将亮着。

（2）设定触发部分以及调整触发电平〔TRIG LEVEL〕，详细参看 3.8.3.7 触发。

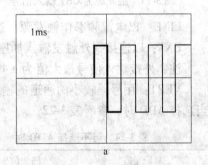

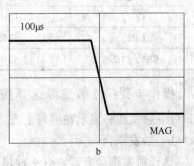

图 3-22　扫描速度的扩展

自动扫描（AUTO）：适用于50Hz以上的触发信号；当没有触发信号或触发条件不能满足时将作自由扫描。

常态扫描（NORM）：采用这种扫描方式时，触发信号不受限制，常态（NORM）触发方式特别适用于低频率及低重复性频率的信号；当没有触发信号或触发条件不能满足时，将不作任何扫描；当触发源为CH1或CH2而输入耦合设定为接地（GND）时，将作自由振荡扫描。这个功能能方便地确定地电位（GND）的位置。

b　单次扫描（SGL/RST）

操作步骤：

（1）按扫描方式部分中的 SGL/RST 按键，以选择单次扫描（"SGL/RST"指示灯将亮着）。在等待输入或触发信号状态时，准备指示灯（READY）将亮着。当触发信号产生时，将进行一次扫描，这时准备指示灯（READY）熄灭。

在断续（CHOP）方式时，两通道将同时扫描，而在交替（ALT）方式时，只有一个通道作扫描。

（2）再次按下单次扫描按键 SGL/RST，进行另一次扫描。

G　触发

这是让输入信号能稳定地显示在荧屏上来观察的操作程序。

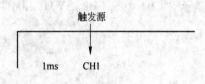

图3-23　触发源为CH1输入信号

a　触发源

选择触发源。触发源有4种或5种：CH1、CH2、LINE、EXT、VERT。

CH1：以CH1输入信号作触发源，如图3-23所示。

CH2：以CH2输入信号作触发源。

LINE：以电源频率作触发源，适合观察以电源频率触发的信号。

EXT：以连接到外触发输入插座上的外接输入信号作触发源。

注：外接输入信号最大值为±400V，应避免输入电压超过这个极限值。

VERT：用号码较小的通道的输入信号作为触发源。当不选择ADD时，参看表3-21；当选择ADD时，参看表3-22。

表3-21　当不选择ADD时

显示通道	同步信号源
CH1	CH1
CH2	CH2
CH1, CH2	CH1

表3-22　当选择ADD时

显示通道	同步信号源
ADD	CH1
CH1, ADD	CH1
CH2, ADD	CH2
CH1, CH2, ADD	CH1

操作步骤：按触发源选择按键 SOURCE 选择触发源CH1、CH2、LINE、EXT或VERT。触发源将显示在屏幕上方。

b　触发耦合

选择触发耦合方式。有4种供选择：AC、DC、HF REJ、LF REJ。

AC：交流耦合，隔离触发信号的直流成分，最低触发频率为100Hz，如图3-24所示。

DC：直流耦合，触发信号的所有成分均可通过。

HF REJ：高频抑制。将触发信号中 10kHz 以上的高频成分被衰减。当触发信号中夹杂有高频噪声而使触发无法稳定时，可选用此方式。

LF REJ：低频抑制。将触发信号中 10kHz 以下的低频成分被衰减。当触发信号中夹杂有低频噪声（如电源频率交流声等）而使触发无法稳定时，可选用这种方式。

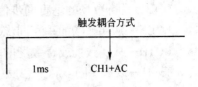

图 3-24　触发信号采用
交流耦合方式

操作方法：按触发耦合方式选择按键 COUPL 以选择触发耦合方式 AC、DC、HF REJ 或 LF REJ。

c　触发极性

选择触发极性（触发源）。

操作方法：按触发极性选择按键 SLOPE 以选择触发极性 " + " 或 " − "。

" + "：从波形上升端开始扫描，如图 3-25 所示。

" − "：从波形下降端开始扫描。

d　触发电平

调整触发信号的触发电平。

操作方法：转动触发电平调节旋钮 [TRIG LEVEL]，以调节触发电平，如图 3-26 所示。

当触发信号产生时，触发指示灯 "TRIG'D" 将亮着。

图 3-25　触发极性为正　　　　　　图 3-26　×××表示触发电平的数值

在某种情况下，因交流耦合（AC）或灵敏度微调（VAR）被开启而使触发电平无法直接读出时，在电平显示的右边将加上 "?" 符号。

e　电视信号

选择与 NTSC 和 PAL（SECAM）制式相配的视频触发方式。

操作方法：

按电视触发方式选择按键 TV 以选择电视触发方式（BOTH，ODD，EVEN 或 TV-H）。

当选择 TV-H 时：功能显示变为 f：TV-MODE；转动功能选择旋钮 [FUNCTION] 选择 NTSC 或 PAL（SECAM）制式。

当选择 BOTH，ODD 或 EVEN 方式时：功能显示变成为 f：TV-LINE n；转动功能选择旋钮 [FUNCTION] 以选择扫描线数。每次按下或连续按下功能选择旋钮 [FUNCTION] 的端面，数值将按已转动的方向调整或作快速调整。

ODD——从奇数场的垂直同步信号触发所选择的水平同步信号线。

EVEN——从偶数场的垂直同步信号，触发所选择的水平同步信号线。

BOTH——从偶数场或奇数场的垂直同步信号触发所选择的水平同步信号线。

TV-H——以水平同步脉冲触发。

H　水平显示

选择水平显示。

操作方法：

按水平显示部分的水平显示方式按键 A 或 X-Y 以选择水平显示方式。

选择 A——显示 A 扫描

选择 X-Y——在 X-Y 方式显示时，CH1 输入作为 X 轴（水平），而各通道（CH1，CH2，ADD）作为 Y 轴（垂直），X-Y 方式适用于观察磁滞回线及李沙育图形等。

I　休止时间

有时要观察复杂组合的脉冲序列波形时，可能无法将信号触发在稳定状态。在这种情况下，调整休止时间（或称扫描暂停、扫描间隙时间）能够观察到稳定的波形。

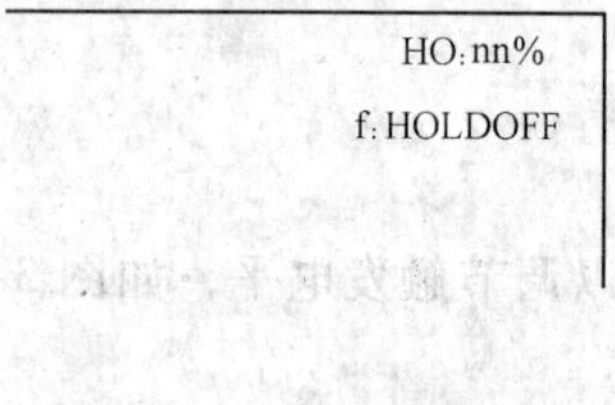

操作方法：

（1）按 HOLDOFF 键，选择休止时间（或称扫描暂停时间、扫描间隙时间）。功能显示变成为：f：HOLDOFF，如图 3-27 所示。

图 3-27　休止时间的调节

（2）转动功能旋钮［FUNCTION］以调节扫描休止时间。每按一下或连续按下功能旋钮［FUNCTION］的端面，休止时间数值将按已转动方向调整或快速调整。按顺时针方向转动功能旋钮［FUNCTION］，可调到最大休止时间（100%）；按反时针方向调则可调到最小值（0%）。通常情况下，休止时间设定为 0%，调整前后的波形如图 3-28 所示。

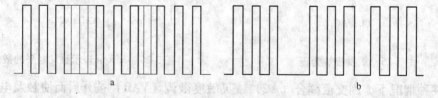

图 3-28　波形的调整

a—调整前的波形（重叠显示）；b—调整后的波形

3.8.4　光标测量及计频器

用光标测量时间差（Δt）及其频率（$1/\Delta t$）或电压差（ΔV）。

光标测量方法：

按光标测量选择键 $\Delta V - \Delta t - OFF$ 以选择 Δt（测量时间）、ΔV（测量电压）或 OFF（关闭测量）。当选择 Δt 或 ΔV 时，荧屏上将显示出两条测量用的光标。

转动功能旋钮［FUNCTION］以调整光标位置。当按一下功能旋钮［FUNCTION］的端面，光标将按已转动的方向作步进式的移动（粗调）；当持续按下功能旋钮的端面，光标将按已转动方向作快速移动。

A 测量时间差（Δt）及其频率（1/Δt）

测量两条光标之间的时间差(Δt)及其频率(1/Δt)。

操作方法：

（1）按光标测量选择键 $\boxed{\Delta V - \Delta t - OFF}$，选择 Δt。这时在荧屏上显示两条垂直的、按水平方向移动的测量光标 H-C1 与 H-C2。在荧屏左下方显示出光标H-C1 及 H-C2 之间的时间差（Δt）及其频率（1/Δt）的测量结果（这结果不一定是我们要测量的）。

移动光标 H-C1 及 H-C2 至测量点并进行测量（这才是我们所需要测量的），如图 3-29 所示。先设定光标 H-C1，然后再设定光标 H-C2。

（2）按光标选择键 $\boxed{TCK/C2}$，选择 TCK（光标跟踪方式）或 H-C1（光标 1）。当选择 TCK 时，光标 H-C1 与 H-C2 同时移动。功能显示变成为：f：H-TRACK；当选择 H-C1 时，功能显示变成为：f：H-C1。

显示在光标上方的标记符号"｜"表示这条光标是可以移动的。

（3）转动功能旋钮［FUNCTION］，移动光标 H-C1（ ｜ ）至测量点。

完成了 H-C1 的设定后，再来设定光标 H-C2。

（4）按光标选择键 $\boxed{TCK/C2}$，选择 H-C2（只移动光标 H-C2）。功能显示变成为 f：H-C2。

光标 H-C2 上方有表示可以移动的标记符号"｜"

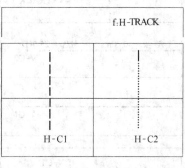

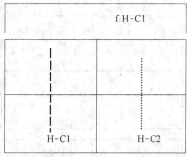

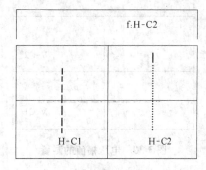

图 3-29　时间的测量

（5）转动功能旋钮［FUNCTION］，移动光标 V-C2 至另一个测量点。

在荧屏左下方显示两光标 V-C1 与 V-C2 间的最新测量值 Δt（时间）及频率（1/Δt）。

关闭光标测量时，按光标测量选择键 $\boxed{\Delta V - \Delta t - OFF}$，选择 OFF（无光标显示）。

B 测量电压

测量两光标 V-C1 与 V-C2 之间的电压。

操作方法：

（1）按光标测量选择键 $\boxed{\Delta V - \Delta t - OFF}$，选择 ΔV。这时在荧屏上显示两条水平的、按垂直方向移动的光标 V-C1 和 V-C2。在荧屏左下方显示光标 1 与光标 2 之间来自通道 1（CH1）与通道 2（CH2）之间的电压值 ΔV1 和 ΔV2（这结果也不一定是我们要测量的）。

移动光标 V-C1 及 V-C2 至测量点并进行测量（这才是我们所要测量的），如图3-30 所示。

先设定 V-C1：

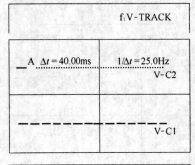

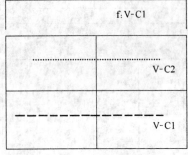

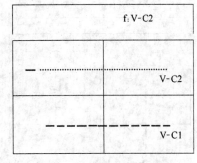

图 3-30　电压幅值的测量

（2）按光标选择按键 $\boxed{\text{TCK/C2}}$，选择 V-TRACK（光标跟踪方式）或 V-C1（光标 1）。当选择光标跟踪方式时，光标 V-C1 及 V-C2 同时移动，功能显示变成为 f：V-TRACK；当选择 V-C1 时，只有 V-C1 可以移动，功能显示变成 f：V-C1。

（3）转动功能旋钮〔FUNCTION〕，移动光标V-C1（---）至测量点。

再设定光标 V-C2：

（4）按光标选择键 $\boxed{\text{TCK/C2}}$，选择 f：V-C2（只移动光标 V-C2），功能显示变成为 f：V-C2。

（5）转动功能旋钮〔FUNCTION〕，移动光标V-C2 至另一个测量点。

在荧屏左下方显示两光标 V-C1 与 V-C2 间的最新测量值。$\Delta V1$ 是 1 通道信号的测量结果，$\Delta V2$ 是 2 通道信号的测量结果。

关闭光标测量时，按光标测量选择键 $\boxed{\Delta V - \Delta t - \text{OFF}}$，选择 OFF（无光标显示）。

C　计频器

用计频器测量输入信号的频率。

操作方法：

（1）执行扫描触发（参看 3.8.3 小节操作过程）。

（2）当触发被设定，在荧屏右下角不断地显示出测量结果。测量对象是主扫描的触发源。

（3）当触发并未设定或输入信号超过可测量频率范围时将显示 0Hz。

3.8.5　日常检查

示波器在连续操作情况下，每 1000h 或一般使用情况下每六个月必须进行一次校准——周期性校准。

该示波器还设有自动校准程序。下列为自动校准项目：

（1）改变电压偏转因素（灵敏度）时，扫描线的垂直位置跟随变动。

（2）地电位位置。

（3）垂直位置。

注意：

（1）校准前必须放开 BEAM FIND（寻找扫描线）按键。如果此键被按下，将无法达到正确的自动校准。

（2）在无输入信号的前提下方可进行校准。如果通道上（CH1、CH2、EXT）有任何信号输入时，将无法达到正确的自动校准。

自动校准的操作方法：

（1）关闭功能选择旋钮［FUNCTION］的所有功能——荧屏右上角不显示 f：xxxxx（关闭延迟时间、视频线数目及其他功能）。

（2）按文字显示调节旋钮［READ OUT］的端面，关闭文字显示。

（3）按下功能选择旋钮［FUNCTION］约3s，这时在荧屏中央将显示下列信息：

"PUSH［AUTO］：CALIBRATION［NORM］：ABORT"

即：按自动键［AUTO］：校准，按常态键［NORM］：终止。

（4）按下自动键 AUTO ，执行自动校准。按下常态键 NORM ，终止自动校准。

故障排除：

当这台仪器不能正常工作或出现某些异常情况时，应按表3-23所列出的内容作出判断。

表3-23　示波器常见故障与排除方法

故障现象	检查项目	排除方法
无扫描线或亮点显示	检查电源线插头是否与交流电源接上 检查电源开关是否接通 检查亮度调节旋钮是否关闭（逆时针方向） 检查扫描方式是否设定为单次扫描	将插头与交流电源接上 接通电源开关 将亮度调节旋钮［INTEN］朝顺时针方向转动直至亮度适中 设置扫描方式为自动
荧屏上刻度线显示不清楚	检查刻度线亮度旋钮［SCALE］是否关闭（逆时针方向） 检查照明灯是否已损坏	朝顺时针方向转动刻度线亮度调节旋钮直至刻度线显示适中 坏了，更换照明灯泡
无文字显示	检查文字显示亮度调节旋钮［READ-OUT］是否关闭或处于逆时针调到底位置	按下或朝顺时针方向转动［READOUT］直至文字显示亮度适中
扫描线及文字聚焦显示不清	检查聚焦调节旋钮［FOUCS］是否调节不当	调节聚焦调节旋钮［FOUCS］直至清晰
输入信号后无波形显示	检查探头是否损坏 检查输入耦合是否接地 检查通道选择是否正确 检查电压灵敏度是否太低	更换探头 关闭接地 开启连接信号的输入通道 增加灵敏度
无法设定触发	检查触发源是否选择错误 检查触发信号的耦合方式是否选择错误 检查触发电平是否设置在不适当的位置	选择触发输入的通道 设定适合输入信号的触发耦合方式 调节触发电平使之设定在合适位置
波形不稳定	检查交流电源电压是否太低	采用符合要求的电源电压范围
当重新开机时原来的设定无法还原		更换内置电池

4 模拟电子技术实验

4.1 实验一 常用电子仪器的使用

4.1.1 预习要求

（1）阅读第 3 章模拟电路学习机、示波器、函数发生器、晶体管毫伏表、万用表的使用和操作说明，弄清各旋钮的功能及仪器使用注意事项。

（2）预习第 1 章二极管、三极管的管型，极性及好坏的判别方法。

（3）阅读实验指导书，明确实验目的、熟悉实验内容和步骤，写出预习报告。

4.1.2 实验目的

（1）掌握模拟电路学习机、示波器、函数发生器、晶体管毫伏表、万用表的使用方法。

（2）学习测量交流量的电压、频率和直流电压、电流。

（3）学习晶体二极管、三极管的管型、极性的判别方法❶。

4.1.3 实验设备

模拟电路学习机	KA-1	1 台
示波器	SS-7802	1 台
晶体管毫伏表	SX2172	1 台
函数发生器	GFG-8015G	1 台
万用表	MF10	1 只

4.1.4 实验原理

A 函数发生器

能产生多种波形的信号发生器，用于给被测电路提供幅值和频率可调的、不同形状的测量信号。

使用方法：

（1）开机前应先将"幅度调节（AMPL）"旋钮逆时针旋至最小。

（2）选择波形：按下"波形选择（FUNCTION）"按钮开关中对应波形的按钮即可。

（3）幅度调节：顺时针逐渐调节"幅度调节（AMPL）"旋钮至所需的信号大小。如果需要输出较小信号，可将一个"幅度衰减（ATT）"按钮按下，或同时将"幅度调节

---

❶ 选做。

94

（AMPL）"旋钮向外拉出，以便于调节。此时输出幅值共计衰减多少分贝（dB）是按 dB 数相加。

（4）频率调节：将"频段选择"按钮中所需频段的按钮按下，再调节"频率微调"旋至所需频率。

注意事项：

（1）不能将输出端短路（输出电缆线的两个夹子不要相接）。

（2）不能将输出端直接接到带有较高直流电压的两点之间。

B　毫伏表

测量正弦信号电压有效值的测量仪表。如 SX2172 型晶体管毫伏表，可测量频率为 5Hz～2MHz、幅度为 0.1mV～300V 的正弦信号电压有效值，分成 1mV、3mV、10mV、30mV、…、100V、300V 共 12 个量程挡级。

使用方法：

（1）开机前检查仪表指针应位于（机械）零点，并将"量程开关"置较大量程。

（2）电调零：将输入端子短接后打开电源，若仪表指针不能稳定在零点，请指导教师调整。

（3）选择量程：测量前应置较大量程，待接入被测信号后再逐渐减小量程。为了减小测量误差，应使仪表指针处于满刻度的 1/3 以上。

（4）正确读数：观测者应位于仪表正前方适当距离。当量程开关位于 1mV 或 10mV…100V 量程时读表盘刻度 0～1，当量程开关位于 3mV 或 30mV…300V 量程时读表盘刻度 0～3，且满刻度值＝量程开关指示值，改变量程或被测信号幅度后，应使指针稳定后再读数。

注意事项：

（1）地线应"先接后拆"，即接线时先接地线，拆线时后拆地线。

（2）被测电压的幅值不应超过毫伏表的最大允许输入电压。

C　示波器

显示随时间变化的电信号的图形，用于观察各种电信号波形，并测量电压的幅值、频率和相位等的综合性电信号测量仪器。使用方法参见实验内容或第 3 章。

注意事项：

（1）显示亮度不宜过亮，且不应长时间显示固定亮点。

（2）被测电压的幅值（直流加交流的峰值）不应超过示波器的最大允许输入电压。

实验过程中的注意事项：

（1）连接电路时，各实验仪器的"地"线（电缆线的屏蔽线夹）必须与实验电路的"地"接在一起，以保证测量系统的"地"电位相同。

（2）在实验过程中不能反复开、关实验仪器，待实验结束并经教师检查实验数据后，再关闭仪器并整理好实验台方可离开。

4.1.5　实验内容及步骤

A　检查本机标准信号

示波器本身有 1kHz/0.6V 的标准方波输出信号，用于检查示波器的工作状态。

将 CH1 通道输入探头接至校准信号的输出端子（CAL）上，将输入电缆上选择开关调至×1位置，按一下 CH1 的接地按键 GND，看荧屏左下角 CH1 通道的耦合方式显示位置上是否显示出接地符号"⏚"，如有显示，此时垂直放大器的输入端与被测信号断开并接地，荧屏上将显示一地电位扫描线，而看不到输入信号波形，须再按一下 CH1 的接地按键 GND，将荧屏左下角耦合方式显示位置上的接地符号"⏚"关闭。按 CH2 键，关闭通道2。按表 4-1 调节示波器的控制开关以显示稳定方波（注：表中符号"□"表示按键，符号"[ ]"表示旋钮）。若波形在垂直方向占6格，波形的一个周期在水平方向占5格，说明示波器的工作基本正常。

这里使用了 CH1 通道，若采用 CH2 通道观测信号，只要将垂直工作方式置"CH2"，若用 CH1 和 CH2 通道同时观测两路信号，只要将扫描方式选择按键置交替 [ALT]。

B 调节示波器的水平扫描基线，测量直流电压

按表 4-2 操作，示波器屏幕上可显示一条水平扫描线。调节垂直位移[▲POSITION▼]旋钮，使水平线处于适当位置（例如中心位置），可作为测量直流电压的"基准"。

将示波器 CH1 通道接至模拟电路学习机的电源输出端（可用提供的导线将学习机的输出电源引出），电源电压分别为表 4-3 所示。然后，将表 4-2 中"输出触发耦合方式 DC/AC"置 DC（此时显示输入信号电压的"V"字上方无交流符号"~"，表示显示直流成分。有"~"符号表示显示交流成分，"V"字在屏幕左下角），调节"灵敏度选择 [VOLTS/DIV]"旋钮，使"基线"向上或向下偏离"基准"位置的距离适中。将测量结果填入表 4-3 中。

表 4-1　示波器控制开关

控制件名称	作用位置	控制件名称	作用位置
波形及光点亮度 [INTEN]	适中	灵敏度选择 [VOLTS/DIV]	0.1V/DIV
聚焦 [FOCUS]	适中	触发源 SOURC	CH1
文字显示控制及亮度 [READOUT]	适中	触发电平调节 [TRIG LEVEL]	适中
刻度线亮度 [SCALE]	适中	触发耦合方式 COUPL	AC
水平位移 [◀POSITION▶]	适中	扫描方式（□SWEEP MODE□）	AUTO
垂直位移 [▲POSITION▼]	适中	扫描速度选择 [TIME/DIV]	200μs/DIV
通道显示	CH1	水平显示（□HORIZ DISPLAY□）	A
通道1的输入耦合方式 DC/AC	AC		

表 4-2　示波器显示控制

控制件名称	作用位置	控制件名称	作用位置
波形及光点亮度 [INTEN]	适中	通道显示	CH1
聚焦 [FOCUS]	适中	扫描方式（□SWEEP MODE□）	AUTO
水平位移 [◀POSITION▶]	适中	扫描速度选择 [TIME/DIV]	200μs/DIV
垂直位移 [▲POSITION▼]	适中		

表 4-3　示波器测量直流电压

模拟电路学习机电源输出电压/V	5V	12V	−12V
灵敏度选择旋钮位置（V/DIV）			
被测电压偏离"基准"位置的距离/h			
电压测量值/V			

C 测量正弦信号的幅值、有效值

将函数发生器的输出与示波器的 CH1 通道输入端及交流毫伏表输入端相连接；调节函数发生器，使输出正弦信号（f = 1kHz）电压有效值分别为表 4-4 所示；调节示波器的"扫描速度选择 [TIME/DIV]"旋钮，显示 2 ~ 4 个稳定波形；调节示波器的"灵敏度选择 [VOLTS/DIV]"旋钮，使波形幅度在垂直方向上的高度尽量大些（约占整个屏幕高度的 80% 左右）；示波器的其他控制开关的调节参见表 4-1。将测量数据处理后填入表 4-4。

表 4-4　示波器测量正弦信号的幅值、有效值

项　目	数　值		
交流毫伏表指示的电压有效值 V_{set}	100mV	1V	3V
灵敏度选择 [VOLTS/DIV] 的指示值			
峰-峰电压波形的高度（DIV）h			
探头开关位置 ×1 或 ×10			
峰-峰电压测量值 $V_{p-p} = V/DIV \times h \times 1 (10)$			
电压幅值 $V_p = V_{p-p}/2$			
峰-峰电压理论值 $V_{p-p} = 2\sqrt{2}V_{set}$			
光标测量法测量电压峰-峰值 ΔV			

D 用示波器测量信号的周期或频率

将示波器的 CH1 通道输入端接至函数发生器的输出。调节函数发生器的输出信号频率如表 4-5 所示，输出信号的波形及幅值任意；调节示波器的"灵敏度选择 [VOLTS/DIV]"旋钮，使波形在垂直方向的高度适中，调节示波器的"扫描速度选择 [TIME/DIV]"旋钮，使波形的一个周期在水平方向的距离尽量大些；示波器的其他控制开关参见表 4-1。将测量数据处理后填入表 4-5。

表 4-5　示波器测量信号的周期、频率

函数发生器的输出信号频率 f	500Hz	2kHz	40kHz
扫描速度选择 [TIME/DIV] 的指示值			
波形的一个周期所占水平距离格数（DIV）X			
信号周期测量值 $T = TIME/DIV \times X$			
信号频率测量值 $f = 1/T$			
光标测量时间差 Δt 测出信号周期			

E 模拟电路学习机的使用练习

参照第 3 章，熟悉模拟电路学习机的特点及各个组成部分的功能，熟悉万用表的使用方法。在模拟电路学习机上搭接出图 4-1 所示电路，电路电源由模拟电路学习机电源部分提供，用万用表测出电压及电流值，记入表 4-6 中，并与计算值进行比较。

表 4-6　万用表测量电压、电流

项　目	U_{AC}/V	U_{BC}/V	I/mA
测量值			
计算值			

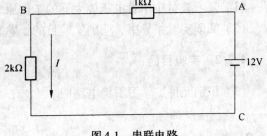

图 4-1　串联电路

F 用万用表测量晶体二极管、晶体三极管❶

（1）取几只不同类型的二极管，按第 3 章中有关二极管简易测量的内容，判断二极管的正负极，测量其单向导电性和判断二极管的好坏。

（2）取几只不同型号的三极管，按第 3 章中有关三极管简易测量的内容，判断三极管的管脚及类型。

4.1.6 注意事项

本次实验是模拟电子技术的第一次实验，涉及的仪器又比较多，因此一定要注意仪器的安全，必须遵守仪器使用规则，正确使用仪器。

为防止意外，常用的几种仪器使用时必须注意：

（1）在模拟电路学习机上接线或改接线时必须断电；若报警装置动作时，应立即关断电源开关，待故障排除后，方可接通电源；切忌直接用力拔出导线插头，实验结束后将所有松紧插座手柄朝上。

（2）防止晶体管毫伏表输入过载，必须根据测量对象的数据选择量程。

（3）防止函数发生器的两输出端短路；任何情况不允许从函数发生器输出端逆向输入交、直流电压。

（4）使用示波器辉度要适中，不能过亮。示波器暂不使用不需关电源，可将辉度关小；若已关则需过 3～5min 再开启。严禁用示波器观察市电波形。示波器观察完毕断电前，将示波器调至本书第 3 章图 3-20 所示状态，并经指导教师检查确定后方可断电。

（5）各种仪器使用时所取的共同参考点要一致（即有相同的接地点）。

（6）拨动仪器旋钮，开关用力要适当，不能猛扭强扳，要养成爱惜仪器设备的习惯。

4.1.7 实验总结

（1）为什么在实验中所有仪器与实验电路必须共地？不共地将会怎样？

（2）信号源输出电压未经测量就接到实验电路上，可能造成什么后果？应该怎么做？

（3）晶体管毫伏表在小量程挡，输入端开路时，指针偏转很大，甚至出现"打针"现象，为什么？怎样避免？

（4）实验信号为 1kHz，5mV，用万用表"AC"挡去测量行不行？为什么？

4.2 实验二 单管电压放大器

4.2.1 预习要求

（1）复习教材中单管电压放大器的工作原理和各元件的作用。

（2）阅读实验指导书，明确实验目的，熟悉实验内容，实验线路及实验步骤。

4.2.2 实验目的

（1）识别元件、学习看懂电路图。

---

❶ 选做。

（2）学习单管电压放大器交、直流参数的测试方法及放大器的基本调试方法。

（3）熟悉示波器、信号发生器、毫伏表、万用表的使用。

4.2.3 实验设备

模拟电路学习机	KA-1	1台
示波器	SS-7802	1台
晶体管毫伏表	SX2172	1台
函数发生器	GFG-8015G	1台
万用表	MF10	1只

4.2.4 实验内容和步骤

实验电路如图 4-2 所示。

A 静态工作点的设置

按图 4-2 所示电路，在学习机上将电路接成具有固定偏置的单管电压放大器（元件参数已在图上标明），接入 +12V 直流电源。调节偏置电阻，让晶体管工作于放大区域（调偏置电阻使晶体管集电极、发射极之间电压 U_{CE} 为电源电压的一半或略大于一半值，建议 $U_{CE} = 7V$），测量放大器的静态参数。

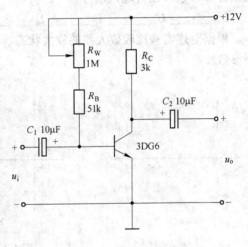

图 4-2 单管电压放大器

U_{CE}＿＿＿＿ U_{BE}＿＿＿＿ I_C ＿＿＿＿ I_B ＿＿＿＿

B 输入信号

从放大器输入端输入 5mV、1kHz 正弦

信号 u_i，输出端开路，将示波器接到放大器输出端，观察放大器输出波形，若输出波形为正弦波，说明静态工作点设置合理，用毫伏表测量输出电压 u_o，放大器的空载放大倍数

$$A_u = \frac{u_o}{u_i} =$$

在放大器输出端接入 3kΩ 负载电阻，测放大器输出电压 u_{o1}，放大器的负载放大倍数

$$A_u = \frac{u_{o1}}{u_i} =$$

画出输出电压波形于图 4-3。

C 放大器最大不失真输入电压（$U_{CE} = 7V$ 时）[❶]

逐渐增大输入信号电压值，观察输出电压波形（观察时要注意调整示波器灵敏度

_____

❶ 选做。

V/DIV开关，波形幅度不超过屏幕高度的80%），当输出波形上部或下部或上、下刚出现失真，返回去测输入电压值，即为最大不失真输入电压 u_{imax} _____，若上、下都出现失真，称为截幅失真。

D 放大器饱和失真

调整静态工作点，当输出电压波形下半部出现失真，即放大器进入饱和失真，画出失真波形于图4-3，测量静态参数（断开输入信号）。

U_{CE} _____ U_{BE} _____ I_{C} _____ I_{B} _____

E 放大器截止失真

调整静态工作点，当输出电压波形上半部出现失真，放大器进入截止失真（若偏置电位器已调到头仍不出现截止失真，可适当增大输入电压值），画出失真波形于图4-3，测量静态参数（断开输入信号）。

U_{CE} _____ U_{BE} _____ I_{C} _____ I_{B} _____

根据上述实验比较放大器的放大状态、饱和失真、截止失真输出电压波形及它们的静态参数。

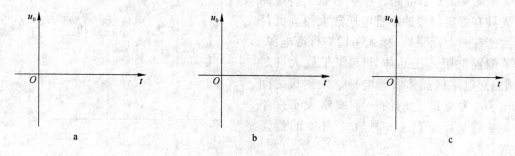

图4-3 波形图
a—放大状态；b—饱和失真；c—截止失真

4.2.5 实验总结

总结：如何调整放大器的静态工作点，放大器静态工作点对放大倍数和非线性失真有何影响，放大器静态工作点置于什么位置比较恰当。

4.3 实验三 基本共射放大器

4.3.1 预习要求

（1）进一步熟悉实验室电子设备的使用。

（2）估计 β 值，在给定的电路、元件值和 $V_{\text{CC}} = +12\text{V}$，$U_{\text{BE}} = 0.7\text{V}$ 时，估算静态工作点（即 Q 点），A_u 及动态范围。

（3）改变电路参数对放大器的静态工作点的影响。

4.3.2 实验目的

（1）识别元件，学习看电路图。

（2）测量放大器的静态工作点及放大倍数。

（3）研究电路参数 R_C，R_{b1}，R_L 对放大电路动态工作性能的影响。

4.3.3　实验设备

模拟电路学习机	KA-1	1台
示波器	SS-7802	1台
晶体管毫伏表	SX2172	1台
函数发生器	GFG-8015G	1台
万用表	MF10	1只

4.3.4　实验原理

A　电路如图 4-4 所示

电路参数：$V_{CC} = +12V$，$R_{b2} = 15k\Omega$，$C_1 = C_2 = 10\mu F/25V$，$C_3 = 47\mu F/25V$，T 为 9013，β 为 150 ~ 300，$R_e = 1k\Omega$，R_{b1} 为 $20k\Omega$ 电阻和 $100k\Omega$ 的电位器串联而成。

B　工作原理

静态工作点

$$U_{CE} = V_{CC} - I_C(R_C + R_E)$$

估算动态参数

$$A_u = \frac{u_o}{u_i} = -\beta\frac{R'_L}{r_{be}}$$

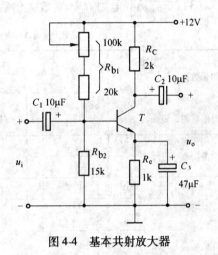

图 4-4　基本共射放大器

式中，$r_{be} = 200 + (1 + \beta)\dfrac{26(mV)}{I_E(mA)}(\Omega)$，$R'_L = R_C /\!/ R_L$

4.3.5　实验内容与步骤

（1）按图 4-4 电路，在学习机上搭接出电路（为测量的方便，应考虑元件布置）；

（2）测量静态工作点（Q 点）

接通直流电源 $V_{CC} = 12V$，用万用表直流电压挡测量 U_{CE}（注意万用表的量程和表笔的极性），调节 $100k\Omega$ 电位器，使 $U_{CE} = 7V$，测出 U_{BE}，将测量结果记入表 4-7 第一行中。

（3）测量电压增益 A_u（$R_L = \infty$）

从输入端加入 $u_i = 5mV$，$f = 1kHz$ 的正弦电压信号（u_i 用晶体管毫伏表测量），用示波器分别显示输入、输出电压波形，用毫伏表测量 u_o 值，将测量结果和波形记入表 4-7 第一列中。

（4）保持 $100k\Omega$ 电位器位置不变，改变 R_L，令 $R_L = 3k\Omega$，测量静态值及动态值，将测量结果记入表 4-7 第二列中。

（5）保持 $100k\Omega$ 电位器位置不变，改变 R_C，令 $R_C = 7.5k\Omega$，测量静态值及动态值，将测量结果记入表4-7第三列中，并观察静态工作点的变化和对输出波形的影响。

（6）加大上偏电阻 R_{b1}，令 $R_{b1} = 120\text{k}\Omega$，测量静态值及动态值，将测量结果记入表 4-7 第四列中，并观察静态工作点的变化和对输出波形的影响。

（7）减小 R_{b1}，令 $R_{b1} = 20\text{k}\Omega$，测量静态值及动态值，将测量结果记入表 4-7 第五列中，并观察静态工作点的变化和对输出波形的影响。

注意：在测量所有静态电压时，输入信号应断开。

4.3.6 实验总结

（1）上偏电阻 R_{b1} 改变，对电路静态工作点，电压放大倍数及非线性失真有何影响，如何调整放大电路的静态工作点？

（2）改变直流负载电阻 R_C，对放大倍数和输出电压波形有何影响？

（3）交流负载电阻 R_L，对放大倍数和输出电压波形有何影响？

表 4-7 静态值、动态值测量结果

测量数据 / 电路状态	给定条件	$R_C = 2\text{k}\Omega$		$R_C = 7.5\text{k}\Omega$ $R_L = \infty$	改变 R_{b1} 令 $R_{b1} = 120\text{k}\Omega$ 其他参数不变 $(R_C = 2\text{k}\Omega$ $R_L = \infty)$	改变 R_{b1}，令 $R_{b1} = 20\text{k}\Omega$ 其他参数不变 $(R_C = 2\text{k}\Omega$ $R_L = \infty)$
		$R_L = \infty$	$R_L = 3\text{k}\Omega$			
静态	U_{BE}/V					
	U_{CE}/V					
	u_o/mV					
	$A_u = \dfrac{u_o}{u_i}$					
动态 $u_i = 5\text{mV}$	u_i 波形					
	u_o 波形					

4.4 实验四 两级放大电路和负反馈放大电路

4.4.1 预习要求

（1）读有关教材关于上、下限频率的计算，令 $\beta_1 = \beta_2 = \beta$ 值，估算中频电压增益，动态范围和上、下限频率。已知 9013 的特征频率 $f_T = 250\text{MH}_z$，$C_{b'c} = 3PF$，$C_{b'e} = \dfrac{1}{2\pi f_T r_e}$，

$$r_e = \frac{26(\text{mV})}{I_E(\text{mA})}(\Omega)\text{。}$$

（2）已知中频电压增益及 u_o 值，用实验方法找到 f_L、f_H 的值。

（3）测量输入、输出电阻的电路；

（4）电路引入负反馈后，对放大电路及性能、上下限频率、输入和输出电阻的影响。

4.4.2 实验目的

（1）了解两级放大电路和各级静态工作点的设置原则；

（2）学习测算放大电路输入、输出电阻的方法；

（3）学习两级放大电路频率特性的测试方法；

（4）熟悉负反馈对放大电路性能的影响。

4.4.3 实验设备

模拟电路学习机	KA – 1	1 台
示波器	SS – 7802	1 台
晶体管毫伏表	SX2172	1 台
函数发生器	GFG – 8015G	1 台
万用表	MF10	1 只

4.4.4 实验原理

A 实验电路

实验电路如图 4-5 所示，将各元件参数选好，接成两级放大电路。

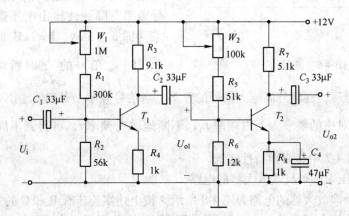

图 4-5 无反馈两级放大器

B 工作原理

静态工作点 $U_{CE} = V_{CC} - I_C(R_c + R_e)$

估算动态参数 $A_u = \dfrac{u_o}{u_i} = \dfrac{u_{o1}}{u_i} \cdot \dfrac{u_o}{u_{o1}} = \dfrac{-\beta_1 R'_{L1}}{r_{be} + (1 + \beta_1)R_4} \cdot \dfrac{-\beta_2 R'_{L2}}{r_{be2}}$

和 $A_{uf} = \dfrac{A_u}{1 + A_u F_u}$ $R'_L = R_3 /\!/ r_{be2}$，$R'_L = R_7 /\!/ R_L$

103

4.4.5　实验内容与步骤

4.4.5.1　无反馈两级阻容耦合放大电路

A　静态工作点的设置

阻容耦合多级放大电路的静态工作点互不影响，可以独立设置，当要求多级放大电路输出电压波形不失真，功耗尽可能的小，故前级工作点在满足放大要求的前提下，尽量低一些，而后级 Q 点安排就要高些。

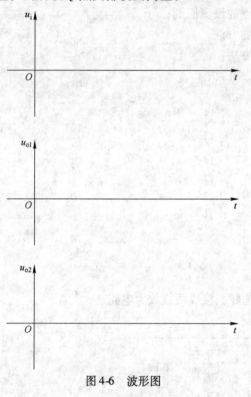

按图4-5接线，设置合适的静态工作点，推荐按 $U_{CE1} = 5.4V$，$U_{CE2} = 4.8V$ 来选择元件参数。

B　测量阻容耦合两级放大电路的放大倍数及 u_i，u_o 波形

将电路接好，在输入端加入 $u_i = 5mV$，$f = 1kH_z$ 的正弦信号，用示波器监视第一、第二级电压输出波形，将它们绘制在图4-6中，分别测量空载和负载（$R_L = 4.7k\Omega$）时 u_o 的值，计算电压增益，记入表4-8中。

C　测量两级放大电路的幅频特性

从输入端加入 $u_i = 5mV$，$f = 1kHz$ 的正弦电压信号，用毫伏表测量输出电压 u_o 值。逐渐降低输入信号的频率，当信号频率下降到使输出电压幅值减小为原来（即 $u_i = 5mV$，$f = 1kH_z$ 时对应的输出电压的 u_o 值）的 $\dfrac{1}{\sqrt{2}}$ 时所对应的频率值

图4-6　波形图

为下限频率 f_L。同理，逐渐升高输入信号的频率，当信号频率上升到使输出电压幅值减小为原来的 $\dfrac{1}{\sqrt{2}}$ 时，对应的频率为上限频率 f_H，不断地改变频率 f，可得到不同的 A_u。记入表4-9中，并在图4-7中作幅频特性曲线。

4.4.5.2　电压串联负反馈放大器的电路

电压串联负反馈放大器的电路如图4-8所示。按上述实验步骤 B 和 C 的方法，测量串联负反馈放大器的放大倍数及 u_i，u_o 波形，把所测数据分别记入表4-8和表4-9中，并测量其幅频特性，在图4-7中作有负反馈时的幅频特性曲线。

测量开环输入、输出电阻：

（1）❶在图4-5电路的输入端串联一个 $R_s = 100k\Omega$ 的电阻，保持 $u_i = 5mV$，$f = 1kHz$ 的正弦信号，测 u_s 的值，电路如图4-9所示，可计算出放大电路的输入电阻

---

❶ 选做。

104

$$r_i = \frac{u_i}{u_s - u_i} \times R_s$$

将估算结果填入表 4-8 中。

表 4-8　测量结果

电路形式	无反馈两级放大电路			负反馈两级放大电路		
	u_i/mV	u_o/V	A_{uo}	u_i/mV	u_o/V	A_{uof}
	5			5		
空载	u_i 的波形			u_i 的波形		
	u_o 的波形			u_o 的波形		
	u_i/mV	u_o/V	A_{uo}	u_i/mV	u_o/V	A_{uof}
	5			5		
负载 ($R_L=4.7\text{k}\Omega$)	u_i 的波形			u_i 的波形		
	u_o 的波形			u_o 的波形		
	$r_o/\text{k}\Omega$			$r_{of}/\text{k}\Omega$		

表 4-9　（保持 $u_i = 5\text{mV}$ 不变）幅频特性表

电路形式		测　量　值				计　算　值	
无反馈	u_o					f_H/kHz	u_o
	f					f_L/Hz	u_o
有反馈	u_o					f_H/kHz	u_o
	f					f_L/Hz	u_o

（2）在图 4-5 所示的电路中，仍输入 $u_i = 5\text{mV}$，$f = 1\text{kHz}$ 的正弦信号，用毫伏表测量不带负载时的输出电压 u'_o 及带 $4.7\text{k}\Omega$ 负载电阻时的输出电压 u_o，将测量结果记入表 4-8 中，按公式估算输出电阻

$$r_o = \left(\frac{u'_o}{u_o} - 1\right) \times R_L$$

式中　$R_L = 4.7\text{k}\Omega$。

图 4-7　幅频特性曲线图

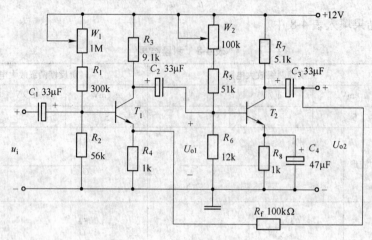

图 4-8　负反馈两级放大电路

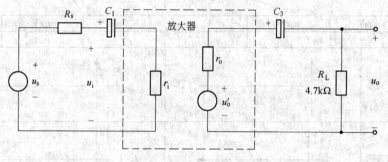

图 4-9　输入电阻的测量

测量闭环输入、输出电阻。在图 4-8 电路的输出端接入 $R_L = 4.7k\Omega$ 电阻，按实验步骤（2），将所测数据记入表 4-8 中，并计算 r_{of} 值。

计算负反馈深度，即 $\dfrac{1}{1 + A_u F_u} = \dfrac{A_{uf}}{A_u}$ 或 $\dfrac{1}{1 + A_u F_u}$

计算反馈系数 F_u，测 R_4 和 R_f 的值，即 $F_u = \dfrac{R_4}{R_4 + R_f}$

4.4.6　实验总结

（1）对于多级放大电路应如何设置各级静态工作点？

（2）绘制有、无负反馈的放大器的幅频特性曲线，并验证 f_L 与 f_{Lf} 及 f_H 与 f_{Hf} 的关系。

（3）放大电路引入负反馈后对其性能有何影响，并进行分析、总结。

4.5　实验五　差动放大电路

4.5.1　预习要求

（1）阅读本节内容，拟定出实验步骤。

（2）根据实验电路参数，估算典型差动放大电路和具有恒流源差动放大电路的静态工作点及差模电压放大倍数。

4.5.2 实验目的

（1）加深对差动放大电路性能及特点的理解。
（2）掌握差动放大电路的工作原理和主要技术指标的测试方法。
（3）熟悉典型差动放大电路与具有恒流源差动放大电路的性能差别，明确提高性能的措施。

4.5.3 实验设备

模拟电路学习机	KA-1	1 台
示波器	SS-7802	1 台
晶体管毫伏表	SX2172	1 台
函数发生器	GFG-8015G	1 台
万用表	MF10	1 只

4.5.4 实验电路及原理

图 4-10 是典型差动放大电路与具有恒流源差动放大电路的组合电路。

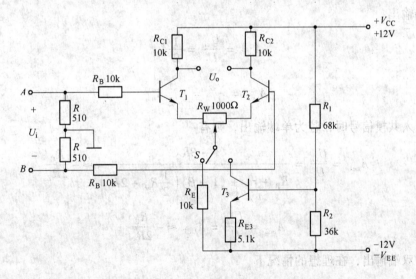

图 4-10 组合差动放大电路

电路元件参数如图 4-10 所示，T_1、T_2、T_3 为 3DG6，β 为 50～60，要求 T_1、T_2 管特性参数一致。

从图 4-10 知，它由两个元件参数相同的基本共射放大电路组成。当开关 S 拨向左边时，构成典型的差动放大电路。调零电位器 R_w 用来调节 T_1、T_2 管的静态工作点，使得输入信号 $U_i =0$ 时，双端输出电压 $U_o =0$。R_E 为两管共用的发射极电阻，它对差模信号无负反馈作用，因而不影响差模电压放大倍数，但对共模信号有较强的负反馈作用，故可以有效地抑制零点漂移，稳定静态工作点。

107

当开关 S 拨向右边时，构成具有恒流源的差动放大电路，它用晶体管恒流源代替发射极电阻 R_E，故具有更强的抑制共模信号的能力，具有更高的共模抑制比。

A 静态工作点的估算

典型差动放大电路 $I_E \approx \dfrac{|V_{EE}| - U_{BE}}{R_E}$（认为 $U_{B1} = U_{B2} \approx 0$）

$$I_{C1} = I_{C2} = \frac{1}{2}I_E$$

恒流源差动放大电路 $I_{C3} \approx I_{E3} \approx \left[\dfrac{R_2}{R_1 + R_2}(V_{CC} + |V_{EE}|) - U_{BE} \right]\Big/ R_{E3}$

$$I_{C1} = I_{C2} = \frac{1}{2}I_{C3}$$

B 差模电压放大倍数和共模电压放大倍数

当差动放大电路的射极电阻 R_E 足够大或采用恒流源差动放大电路时，差模电压放大倍数 A_{ud} 由输出方式决定，与输入方式无关。

双端输出 R_w 在中间位置

$$A_{ud} = \frac{U_o}{U_i} = \frac{\beta R_C}{R_B + r_{be} + \frac{1}{2}(1 + \beta)R_w}$$

单端输出

$$A_{ud1} = \frac{U_{c1}}{U_i} = \frac{1}{2}A_{ud}$$

$$A_{ud2} = \frac{U_{c2}}{U_i} = -\frac{1}{2}A_{ud}$$

当输入共模信号时，若为单端输出，则有

$$A_{uc1} = \frac{U_{c1}}{U_i} = \frac{-\beta R_C}{R_B + r_{be} + (1 + \beta)\left(\frac{1}{2}R_w + 2R_E\right)} \approx -\frac{R_C}{2R_E}$$

$$A_{uc2} = \frac{U_{c2}}{U_i} = A_{UC1} \approx -\frac{R_C}{2R_E}$$

若为双端输出，在理想的情况下

$$A_{uc} = \frac{U_o}{U_i} = 0$$

实际上由于元件不可能完全对称，因此 A_{uc} 也不可能绝对等于零。

C 共模抑制比

为了说明差动放大电路抑制共模信号的能力，常用共模抑制比作为一项技术指标来衡量，其定义为放大器对差模信号的放大倍数 A_{ud} 与共模信号的放大倍数 A_{uc} 之比，即

$$K_{CMR} = \left| \frac{A_{ud}}{A_{uc}} \right| \text{ 或 } K_{CMR} = 20\lg\left| \frac{A_{ud}}{A_{uc}} \right| \text{ (dB)}$$

4.5.5 实验内容及步骤

A 典型差动放大电路性能测试

按图 4-10 连接实验电路，开关 S 拨向左边构成典型差动放大电路。

（1）测量静态工作点。不接入输入信号。将放大电路输入端 A、B 与地短接，接通正、负对称直流电源，用直流电压表测量输出电压 U_o，调节调零电位器 R_P，使 T_1、T_2 两管的集电极直流电位相等，使输出电压 $U_o = 0$。零点调好以后，用直流电压表测量 T_1、T_2 管各射极电阻 R_E 两端电压 U_{RE}，填入表 4-10 中。

表 4-10 测量结果

测量内容	U_{B1}/V	U_{B2}/V	U_{C1}/V	U_{C2}/V	U_{E1}/V	U_{E2}/V	U_{RE}/V
测量值							
计算值 R_P 在中心							

（2）测量差模电压放大倍数。断开直流电源，将函数发生器的输出端接放大电路输入 A 端，地端接放大电路输入 B 端构成双端输入方式（注意：此时信号源浮地），调节输入信号频率使 $f = 1kHz$ 的正弦信号，输出旋钮调至零，用示波器监视输出端（集电极 C1 或 C2 与地之间）。

接通正、负对称直流电源（ ±12V），逐渐增大输入信号 u_i，使 $u_i = 50mV$，在输出波形不失真的情况下，用交流毫伏表测 u_i、u_{c1}、u_{c2}、u_o，并观察 u_i，u_{c1}、u_{c2} 之间的相位关系及 U_{RE} 随 u_i 改变而变化的情况（如测 u_i 时因浮地有干扰，可分别测 A 点和 B 点对地间电压，两者之差即为 u_i）。

（3）测量共模电压放大倍数。将差动放大电路 A、B 短接，信号源接 A 端与地之间，构成共模输入方式，调节输入信号，使 $f = 1kHz$，$u_i = 50mV$，在输出电压无失真的情况下，测量 u_{C1}，u_{C2}，u_o，并填入表 4-11 中，观察 u_i，u_{C1}，u_{C2} 之间的相位关系及 U_{RE} 随 u_i 变化而改变的情况。

表 4-11 测量结果

电路形式	输入信号类型	u_i/mV	u_{C1}/V	u_{C2}/V	u_o/V	单端输出电压增益	双端输出电压增益	K_{CMR}
典型差放	差模							
	共模							
恒流源差放	差模							
	共模							

B 具有恒流源差动放大电路的测试

将图 4-10 电路中开关 S 拨向右边，便构成具有恒流源的差动放大电路。调零，差模输入、输出电压，共模输入、输出电压的测试条件和方法，与典型差动放大电路完全相同。并将测量数据填入表 4-11 中。

4.5.6 实验总结

差动放大电路调零时，为什么要把输入端（A、B）接地？怎样进行静态调零？

4.6　实验六　波形产生和变换电路（设计型1）

4.6.1　预习要求

（1）复习教材中有关振荡器部分内容。
（2）阅读实验指导书，明确实验目的，按内容要求设计实验电路。

4.6.2　实验目的

（1）掌握文氏电桥振荡电路的组成及工作原理。
（2）学习用 LM324 或 μA741 组成正弦波振荡器，将正弦波经电压比较器变换为矩形波，再由积分器将矩形波变换为三角波。

4.6.3　实验原理

图 4-11 中三个方框分别为正弦波发生电路，然后变换为矩形波，再变换为三角波的电路。

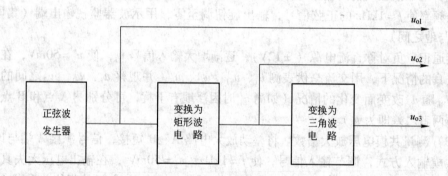

图 4-11　波形发生和变换电路

各电路原理图请参阅有关文氏电桥振荡器、矩形波、三角波变换电路，自行设计各种电路，并选择合适的元件。

4.6.4　实验设备

模拟电路学习机	KA-1	1 台	
示波器	SS-7802	1 台	
晶体管毫伏表	SX2172	1 台	
万用表	MF10	1 只	

4.6.5　实验步骤

自拟实验内容和步骤。

4.6.6　实验要求

（1）用示波器显示 u_{o1}，u_{o2}，u_{o3} 输出电压波形，并定性地绘制其波形。

（2）各电路中的集成运放用 LM324 或 μA741 均可。

（3）用示波器测 u_{o1}，u_{o2}，u_{o3} 的峰峰值并作记录。

（4）估算正弦波的频率。

4.6.7 集成运放的参数及管脚排列

（1）LM324 为四组独立的高增益的，内部频率补偿的运算放大器，外加直流电源范围：

单电源　　　3～30V

双电源　　　±1.5～±15V（其中 11 脚为负电压输入端）

（2）LM324 的管脚排列如图 4-12 所示。

（3）μA741 为高增益运算放大器，不需外接补偿电容，外加直流电源范围为 ±9～±18V。

（4）μA741 的管脚排列如图 4-13 所示。

（5）IC 管脚说明：IN_-——反向输入端，IN_+——同向输入端，OUT——输出端，V_{CC}—直流电源正端，V_{EE}——直流电源负端，GND——地端（公共端）。

注：图 4-14 是一个 RC 桥式振荡器，仅供参考。

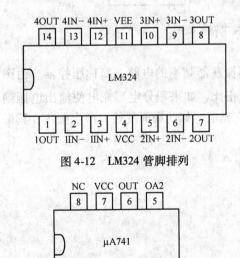

图 4-12　LM324 管脚排列

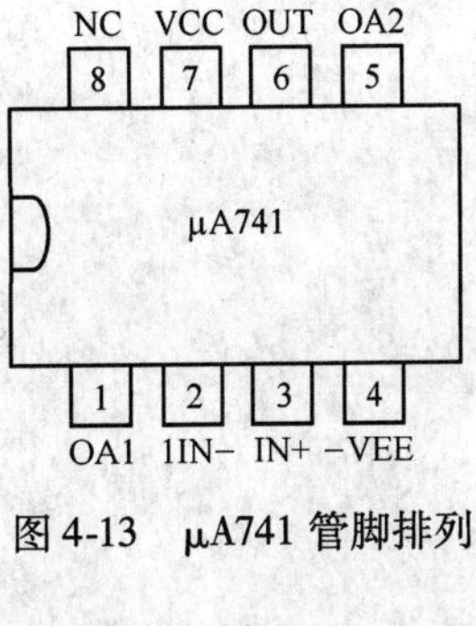

图 4-13　μA741 管脚排列

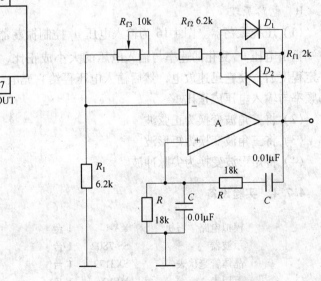

图 4-14　RC 串并联网络振荡电路

4.7　实验七　波形产生和变换电路（设计型2）

4.7.1　预习要求

（1）阅读有关文献，学习压控振荡器的电路组成及工作原理。

（2）学习将三角波变换为正弦波、方波的变换电路。

（3）学习将矩形波变换为尖脉冲波的变换电路。

4.7.2 实验目的

学习用集成运放组成压控振荡器、正弦波变换电路、方波变换电路和尖脉冲波的变换电路。

4.7.3 实验原理

A 实验框图（如图 4-15 所示）

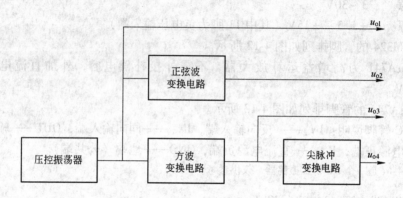

图 4-15 波形产生和变换电路的框图

B 电路原理

（1）压控振荡器。图 4-16 为输入电压 u_i 控制振荡器频率的电路，简称压控器。由图可知输出电压 u_{o1} 变化的速率与输入电压的大小成正比，如果积分电容充电使输出电压到一定程度后，使它迅速放电，然后输入电压再给它充电，如此周而复始，产生振荡，其振荡频率与输入电压成正比。

（2）将三角波变换为正弦波。

（3）将三角波变换为矩形波。

（4）将矩形波变换为尖脉冲波。

4.7.4 实验设备

模拟电路学习机	KA-1	1 台
示波器	SS-7802	1 台
晶体管毫伏表	SX2172	1 台
万用表	MF10	1 只

4.7.5 实验步骤

自行设计各种波形变换电路，自拟实验内容和步骤，要求测量三角波 u_{o1}，正弦波 u_{o2}，方波 u_{o3}，尖脉冲波 u_{o4}，用示波器显示其波形，并记录这些波形。

实验所用的集成运放可用 LM324 或 μA741，关于 LM324 或 μA741 的参数和管脚排列实验六中已有说明。

图 4-16 为参考电路。

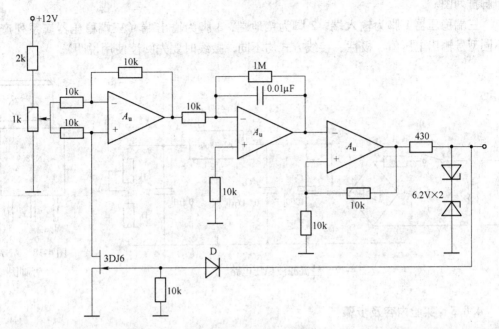

图 4-16   压控振荡电路

4.8   实验八   集成直流稳压电源

4.8.1   预习要求

（1）复习教材中有关单相整流滤波及稳压部分的内容。

（2）阅读实验指导书，熟悉实验线路图，明确实验目的，熟悉实验内容及步骤，写出预习报告。

4.8.2   实验目的

（1）测量和比较有无滤波电容的电路的输出电压的关系。

（2）掌握三端集成稳压电路的使用方法。

（3）观察负载变化对输出纹波电压的影响。

（4）加深对单相整流滤波电路原理的了解。

4.8.3   实验设备

模拟电路学习机   KA-1   1 台

示波器   SS-7802   1 台

万用表   MF10   1 只

4.8.4   实验原理

实验电路如图 4-17 所示，220V 交流电压经变压器降压后得到 12V 交流电压，经整流滤波后由集成稳压器 7809 稳压后得到 9V 直流电压。图 4-18 为三端集成稳压器的外形及引脚排列图。

三端稳压器 1 脚为输入端，2 脚为接地端，3 脚为输出端（三端稳压器属系列产品，不同型号输出电压值、极性、接线方式均不同，接线时要先阅读使用说明）。

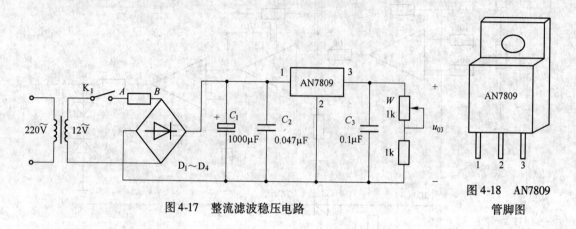

图 4-17　整流滤波稳压电路

图 4-18　AN7809
管脚图

4.8.5　实验内容及步骤

（1）按照图 4-19 接线，接好后须经指导教师检查，无误后方可通电，测量负载两端直流电压，用示波器观察输出电压波形，改变负载电阻大小并观察 u_{o1} 波形的变化，结果记入表 4-12 中。

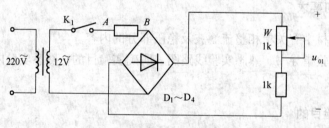

图 4-19　整流电路

（2）在上步的基础上，在负载两端并接电容 C_1（1000μF/25V）（见图 4-20，注意电容极性），测量负载两端直流电压，用示波器观察输出电压波形，改变负载电阻大小并观察 u_{o2} 波形的变化，结果记入表 4-12 中。

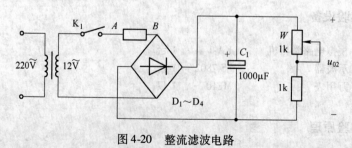

图 4-20　整流滤波电路

（3）在上步的基础上接入三端稳压电路（即按图 4-17 接线），测量负载两端直流电

114

压，并用示波器观察输出电压波形，改变负载电阻大小并观察 u_{o3} 波形的变化，结果记入表 4-12 中。

表 4-12　测量结果

测量电压	负载电阻	直流电压	波形（直流分量）	波形（交流分量）
u_{o1}	最大			
	最小			
u_{o2}	最大			
	最小			
u_{o3}	最大			
	最小			

4.8.6　注意事项

（1）通电前必须经指导教师检查。

（2）使用模拟电路学习机上交流电源 12 V时，线路必须通过交流电源开关（1K₁，1K₂）及保险管（A、B）。

（3）接线及改接线路时必须断电。

（4）实验中须分清交流量与直流量。

（5）电路中二极管及电容器极性不能接错。

4.8.7　实验总结

（1）比较图 4-19、图 4-20 的输出电压（直流电压及波形），分析电容 C_1 的作用。

（2）分析负载电阻大小对输出电压 u_{o1}、u_{o2}、u_{o3} 的影响，并说明稳压集成电路的作用。

4.9　实验九　集成运算放大器的应用

4.9.1　预习要求

（1）复习教材中有关运算放大器的作用和基本运算方法（比例、加法、减法、积分、微分运算）。

（2）阅读实验指导书、熟悉实验线路图、明确实验内容和实验步骤，写出预习报告。

4.9.2　实验目的

（1）了解集成运算放大器组成的基本运算电路。

（2）学习集成运算放大器的调零，正、反相比例运算、加法运算、减法运算、跟随器的接线方法，以及对它们的测试方法。

（3）学习集成运算放大器作积分运算、微分运算的接线方法，观察和分析它们的波形。

4.9.3　实验设备

模拟电路学习机	KA-1	1 台
函数发生器	GFG-8015G	1 台
示波器	SS-7802	1 台
万用表	MF10	1 只

4.9.4　实验内容和步骤

通电调零：按图 4-21 所示的电路接线，然后接通电源，调节调零电位器 R_W，使输出电压 $U_o=0$，零点调好后就不能随意更动（即 R_W 不允许再动）。

注意：电路图 4-22 ～图 4-30 作了简化，图中只画输入、输出、反馈部分，其余部分虽没有画出，但在搭接电路时运算放大器的 1、4、5、7 脚必须按图 4-21 接好。

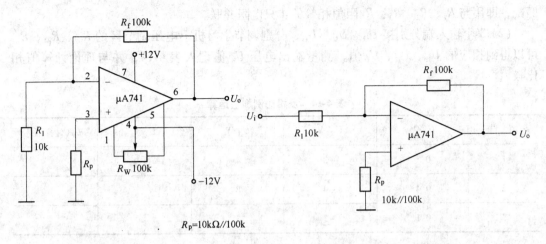

图 4-21　调零电路　　　　　　　图 4-22　反相比例运算电路

A　反相比例运算

按图 4-22 接线，外接电阻阻值已在图上标明，同相输入端电阻相匹配，故 R_p 为 100kΩ 和 10kΩ 电阻并联。

（1）反相输入端接入信号 U_i，调节学习机上电压调节区的 R_{p0} 使反相输入端信号电压分别为 ±0.1V、±0.2V、±0.3V，测量输出电压 U_o 值（测量时应注意极性），计算实际放大倍数记入表 4-13，并与理论值比较。

表 4-13　反相比例运算

U_i/V	-0.3	-0.2	-0.1	0.1	0.2	0.3
U_o/V						
$A_F = U_o/U_i$						

放大倍数平均值 $\overline{A_F} =$

放大倍数计算值 $A_F = -\dfrac{R_f}{R_1} =$

B　反相比例加法运算

（1）按图 4-23 接线，外接电阻值已在图上标明，R_p 应与反相输入电阻和反馈电阻相

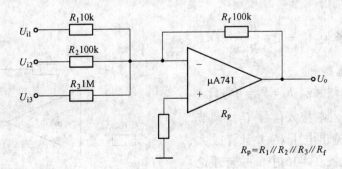

图 4-23　反相比例加法电路

匹配，即用与 R_1、R_2、R_3、R_f 阻值相等的 4 只电阻并联。

（2）3 个输入端分别接 U_{i1}、U_{i2}、U_{i3}，分别调节学习机上电压调节区的 R_{p9}、R_{p4}、R_{p2} 可以得到相应的 U_{i1}、U_{i2}、U_{i3} 值，测量输出电压 U_o 值记入表 4-14，并与理论计算值相比较。

表 4-14　反相比例加法运算

项　目	U_{i1}/V	U_{i2}/V	U_{i3}/V	U_o/V	U_o（计算值）
1	0.3	−3	4		
2	0.4	−4	8		
3	0.1	−3	3		

输出电压计算式：$U_o = -\left(\dfrac{R_f}{R_1} U_{i1} + \dfrac{R_f}{R_2} U_{i2} + \dfrac{R_f}{R_3} U_{i3} \right)$

C　同相比例运算

（1）按图 4-24 接线，外接电阻值已在图上标明，R_p 为两只 100kΩ 电阻并联。

（2）同相输入端接入信号 U_i，调节学习机上电压调节区的 R_{p4}、R_{p2} 使 U_i 分别为 ±1V、±2V、±3V，测量输出电压 U_o 值、计算实际放大倍数记入表 4-15 中，并与理论值比较。

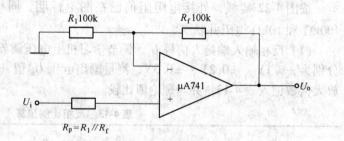

图 4-24　同相比例运算电路

表 4-15　同相比例运算

U_i/V	−3	−2	−1	+1	+2	+3
U_o/V						
$A_F = U_o/U_i$						

放大倍数平均值 $\overline{A_F} =$

放大倍数计算值 $A_F = 1 + \dfrac{R_f}{R_1}$

D　同相跟随器

（1）按图 4-25 接线，$R_f = R_p = 100kΩ$。

（2）同相输入端接入信号 U_i，调节 R_{p4} 或 R_{p2}，测量输出电压 U_o 并计算放大倍数 A_F，结果记入表 4-16 中，并与理论值相比较。

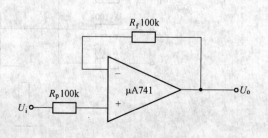

图 4-25　同相跟随器

118

表 4-16 同相跟随器

U_i/V	-3	-2	-1	+1	+2	+3
U_o/V						
$A_F = U_o/U_i$						

放大倍数平均值 $\overline{A_F}$ =

放大倍数计算值 $A_F = 1$

E　同相加法运算

（1）按图 4-26 接线，外接电阻值已在图上标明，R_1 为两只 100kΩ 电阻并联。

（2）同相输入端分别接信号 U_{i1}、U_{i2}、U_{i3}，分别调节学习机上电压调节区的 R_{p9}、R_{p4}、R_{p2} 取三组 U_{i1}、U_{i2}、U_{i3} 的值，测量输出电压 U_o 值记入表 4-17 并与理论值比较。

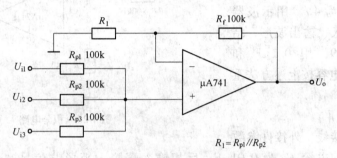

图 4-26　同相加法电路

表 4-17　同相加法运算

项　目	U_{i1}/V	U_{i2}/V	U_{i3}/V	U_o/V	U_o（计算值）
1					
2					
3					

输出电压计算式：

$$U_o = \frac{R_f}{R_{p1}}U_{i1} + \frac{R_f}{R_{p2}}U_{i2} + \frac{R_f}{R_{p3}}U_{i3}$$

F　减法运算

（1）按图 4-27 接线，外接电阻值已在图上标明。

（2）反相输入端接 U_{i1}，同相输入端接 U_{i2}，调节 R_{p9}、R_{p4} 取三组 U_{i1}、U_{i2} 的值，测量输出电压 U_o 值，记入表 4-18 并与理论值比较。

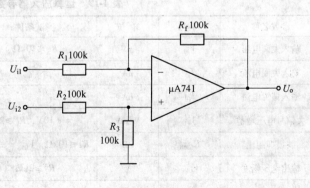

图 4-27　减法电路

119

表 4-18　减法运算

项　目	U_{i1}/V	U_{i2}/V	U_o/V	U_o（计算值）
1				
2				
3				

计算式：$U_o = (U_{i2} - U_{i1})\dfrac{R_f}{R_1}$

G　积分运算

按图 4-28 接线，外接件参数已在图上标明，反馈件为电容器（电容 $0.01\mu F$），反相输入端接入矩形波信号，调节信号频率为 400Hz，峰峰值为 4V，用示波器观察并测量输入、输出波形，结果记入图 4-29，用 $0.1\mu F$ 和 $0.68\mu F$ 的反馈电容按上述方法重作两遍。

H　微分运算

按图 4-30 接线，外接件参数

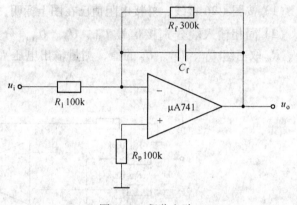

图 4-28　积分电路

已在图上标明，电容 C_1 为 $0.01\mu F$，反相输入端接入矩形波信号，调节信号频率为 400Hz，选择合适幅值，用示波器观察输入和输出波形，改变输入电容 C_1 值分别为 $0.1\mu F$ 和 $0.68\mu F$ 按上述步骤重作两遍，将观察到的输入、输出波形记入图 4-31。

4.9.5　实验总结

根据表 4-13 ～ 表 4-18 的实验数据及图 4-29、图 4-31 说明运算放大器可以作哪些基本运算。

表 4-19 及图 4-32：LM741（$\mu A741$）通用型运算放大器参数和管脚图

电特性：$V_{CC} = +15V$，$V_{EE} = -15V$，$T = 25℃$

表 4-19　运算放大器参数

参数名称	符　号	单位	测试条件	最小	典型	最大
输入失调电压	V_{IO}	mV	$R_S \leqslant 10k\Omega$		1.0	5.0
输入失调电流	I_{IO}	nA			20	200
输入偏置电流	I_{IB}	nA			80	
大信号电压增益	A_{VD}	V/mV	$V_o = \pm 10V$，$R_L \geqslant 2k\Omega$	50	200	
共模抑制比	K_{CMR}	dB	$R_S \leqslant 10k\Omega$，$V_{CM} = \pm 12V$	70	90	
输出电压幅度	V_{OPP}	V	$R_2 \geqslant 2k\Omega$	± 10	± 13	
功　耗	P_C	mW			50	85

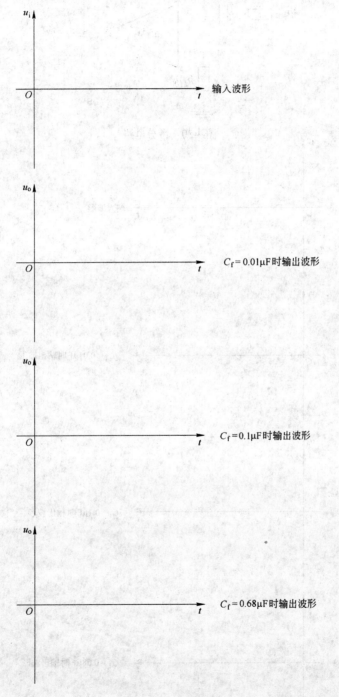

图 4-29 波形图

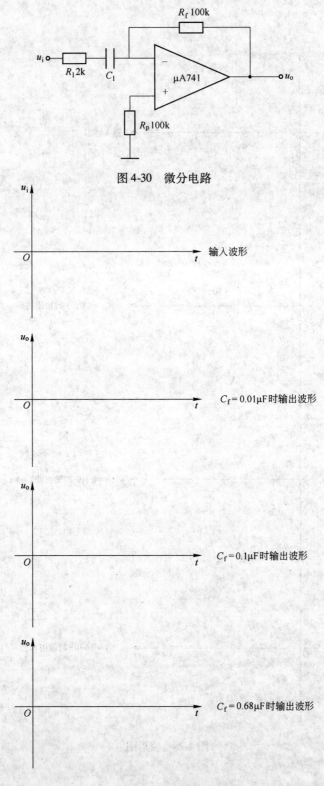

图 4-30　微分电路

图 4-31　波形图

双列直插封装

功能	调零	反相输入	同相输入	V−	调零	输出	V+	空
引端出	1	2	3	4	5	6	7	8

图 4-32 运算放大器管脚图

4.10 实验十 综合实验集成电路双声道扩音机

4.10.1 预习要求

（1）复习功率放大器原理及有关参数的测量方法；
（2）熟悉所用集成电路的功能及引脚的接法；
（3）拟定安装步骤及测量有关参数的表格。

4.10.2 实验目的

（1）学习安装调试扩音机电路，提高动手能力；
（2）测量集成电路前置放大器及集成功率放大器的性能指标；
（3）了解扩音机电路的结构。

4.10.3 实验设备

模拟电路学习机　　　KA-1　　1 台
放音机　　　　　　　　　　　1 台
万用表　　　　　　　MF10　　1 只
音箱　　　　　　　　　　　　2 只

4.10.4 实验原理

A　方框图
双声道扩音机方框图如图 4-33 所示。
本实验电路由一片 HA1392 担任双声道功率放大，两片 LA3210 担任前置放大，并设有音量、音调控制及麦克风和线路输入。

B　电路原理
电路如图 4-34 所示。HA1392 是带有静噪功能的双声道音频功率放大电路，在电源电压 12V 和负载为 4Ω 时输出 4.3W，在电源电压 15V 和负载为 4Ω 时输出 6.8W，其静态电流小，交流失真也小，图 4-34 是其典型使用电路。其电气特性参数见表 4-22。
LA3210 噪声小，电压工作特性好，频带宽，并带有自动电平控制 ALC 电路，可用于均衡放大，磁头、话筒前置放大等，电气特性参数见表 4-23。

123

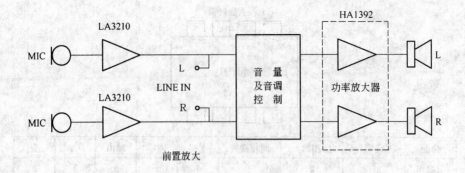

图 4-33　双声道扩音机方框图

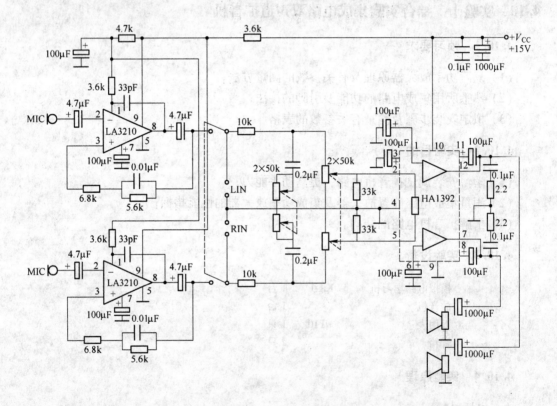

图 4-34　集成电路功率放大器

4.10.5　实验内容

（1）测量 HA1392 的静态电流和各引脚的电压（见表 4-20）；

（2）测量 LA3210 的静态电流和各引脚的电压（见表 4-21）；

（3）将声源（放音机或麦克风）接到扩音机上试听。

4.10.6　注意事项

（1）所用各种元件必须认真检查（好坏及参数）后才能接入电源；

124

（2）接线必须认真仔细，保证接触良好；

（3）测试过程中，数据如果与所提供的参数相差太大时，应立即切断电源，查清原因后，才能继续通电测试；

（4）所测试数据与参考值接近时才能加信号试听；

（5）HA1392需装散热片，散热片一定要接地。

表 4-20 LA3210 各引脚电压（V）（参考值）

1	2	3	4	5	6	7	8	9
2	0.6	0	—	0	—	0.6	4.2	7.1

表 4-21 LA1392 各引脚电压（V）（参考值）

1	2	3	4	5	6	7	8	9	10	11	12
0.6	0	6	0	0	0.6	7.5	14.5	0	15	14.5	7.5

表 4-22 HA1392 电气特征参数 （$V_{CC} = 12V$，$R_L = 4\Omega$，$R_g = 600\Omega$，$f = 1kHz$，$T_\alpha = 25℃$）

参数名称	符 号	测试条件	参 数 值			单 位
			最小	典型	最大	
静态电流	I_{CCO}	$V_i = 0$		36	60	mA
电压增益	G_V	$V_i = -46dB$	44	46	48	dB
单通道输出	P_O THD = 10%	$V_{CC} = 12V$	3.8	4.3		W
功 率		$V_{CC} = 15V$	6.0	6.8		W
高音频转折	f_H	$V_i = -46dB$	12	20	33	kHz
频 率		$G_V = -3dB$				

极限使用条件：（$T = 25℃$）

电源电压：$V_{CC} = 20V$ 结温：$J_J = 150℃$

输出峰值电流：$I_O = 4A$ 工作温度：$T_{opr} = -20 \sim +75℃$

允许功耗：$P_O = 15W$ 存放温度：$T_{stg} = -50 \sim +125℃$

表 4-23 LA3210 电气特性参数 （$V_{CC} = 5V$，$R_L = 5.1k\Omega$，$R_g = 600\Omega$，$f = 1kHz$，$T_\alpha = 25℃$）

参数名称	符 号	测试条件	参 数 值			单 位
			最小	典型	最大	
静态电流	I_{CC}	$V_i = 0$ ALC 开路		1.4	2.0	mA
开环电压增益	G_{VO}		66	69		dB
闭环电压增益	G_{VC}	THD = 1%	35	35	37	dB
输出电压	V_O		0.7	1.0		V
输入电阻	R_i		60	100		kΩ
ALC 管饱和电压	V			75	100	mV

推荐使用条件：（$T_\alpha = 25℃$）

电源电压：$V_{CC} = 5V$ 负载电阻：$R_L = 5.1k\Omega$

极限使用条件：（$T = 25℃$）

电源电压：$V_{CC} = 15V$ 允许功耗：$P_O = 200mW$

放大级静态电流 $I_{CC} = 3mA$ ALC 管电流 3.5mA

4.11 实验十一 方波、三角波发生器的设计

4.11.1 预习要求

（1）复习波形发生器电路的原理。

（2）根据所给的性能指标，设计一个方波、三角波发生器，计算电路中的元件参数，画出标有元件值的电路图，制订出实验方案，选择实验仪器设备。

（3）写出预习报告。

4.11.2 实验目的

（1）学习方波、三角波发生器的设计方法。

（2）进一步培养电路的设计、安装与调试能力。

4.11.3 设计任务

要求设计一个方波、三角波发生器，性能指标如下：

输出电压：$U_{o1p-p} \leq 10V$（方波），$U_{o2p-p} = 8V$（三角波）

输出频率：$1 \sim 10kHz$

4.11.4 设计原理及参考电路

方波、三角波发生器由电压比较器和基本积分器组成，电路如图 4-35 所示。

运算放大器 A_1 与 R_1、R_2、R_3 及 R_{W1}、D_{Z1}、D_{Z2} 组成电压比较器；运算放大器 A_2 与 R_4、R_{W2}、R_5、C 组成反相积分器，比较器与积分器首尾相连，形成闭环电路，构成自动产生方波、三角波的发生器。

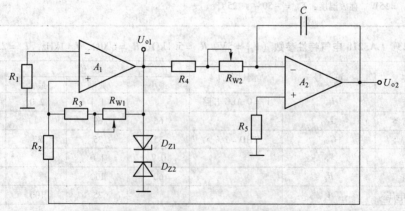

图 4-35 方波、三角波发生器

4.12 实验十二 直流稳压电源的设计

4.12.1 预习要求

（1）根据直流稳压电源的技术指标要求，自行查阅相关资料，独立确定实验方案，

设计出满足技术指标要求的稳压电源，拟出实验方法、步骤，提出所需仪器设备、元件的规格、数量。

（2）自拟实验报告，说明选择仪器设备及元器件的依据，对实验过程中可能遇到的现象和实验结果进行分析和讨论。

4.12.2　实验目的

（1）通过对直流稳压电源的设计，进一步了解直流稳压电源的工作原理和特点。

（2）学习 LM317 单片电源芯片的设计方法。

4.12.3　设计任务

（1）性能指标要求：采用 LM317 为电源核心元件，直流电源输出电压 $U_。= 3 \sim 9V$，负载电流 $I_{omax} = 800mA$。

（2）画出设计电路图，标明元件数值。

4.12.4　设计原理及参考电路

LM317 具有很强的灵活性，可以按一定的比例关系改变 R_W 和 R_1，即可使直流稳压电源的输出电压范围在 $1.2 \sim 37V$ 之间变化，由 LM317 构成的电源电路如图 4-36 所示。

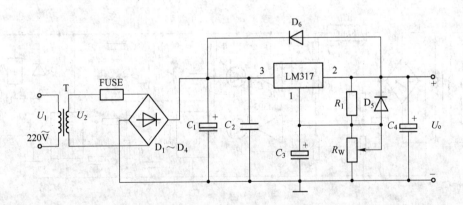

图 4-36　可调直流稳压电源

4.13　实验十三　过、欠电压保护电路（综合设计型）

4.13.1　预习要求

（1）根据实验题目要求，自行查阅相关资料，独立确定实验方案，画出原理图，拟出实验方法、步骤，提出所需仪器设备、元件的规格、数量。

（2）自拟实验报告，说明选择仪器设备及元器件的依据，对实验过程中可能遇到的现象和实验结果进行分析和讨论。

4.13.2 实验目的

初步培养模拟电子电路设计、安装、调试能力，以及独立进行实验的能力。

4.13.3 设计任务

中小型用电设备在电网电压出现异常的情况下往往因无法正常工作而损坏。本设计性实验的目的就是：当异动的电网电压高于或低于用电设备的正常工作电压范围时，过、欠压报警装置能自动切断用电设备的电源，从而保护用电设备的作用。当电网电压恢复到正常范围内后，经过过、欠压报警装置的延迟，将自动恢复电网电压对用电设备的供电，保证了用电设备正常安全地运行。

4.13.4 设计要求

（1）当电网交流电压不小于 250V 或不大于 180V 时，经 3～4s 后本装置将切断用电设备的交流供电，同时用 LED 发光警示。在电网交流电压恢复正常后，经本装置延迟 3～5min 后恢复用电设备的交流供电。

（2）画出设计原理图并列出元器件表。

4.13.5 设计原理及参考电路

过、欠电压保护电路如图 4-37 所示。

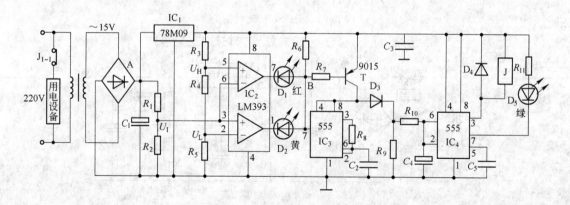

图 4-37 过、欠电压保护电路

当电网供电电压在正常范围内时，经降压变压器及硅整流堆后，双比较集成电路 IC_2 的 3、6 脚的直流电压为 U_I，而集成稳压电路 IC_1 的 3 脚输出稳定的 $+9V$，故 IC_2 的 5 脚 U_H 及 2 脚的 U_L 均为一定值。当我们设定：$U_H > U_L$，并 $U_L < U_I$ 时，双比较集成电路 IC_2 的输出端 1、7 脚的电压均为高于 B 点电位的高电平，此时发光二极管 D_1（红色）与 D_2（黄色）均不导通（不发光）。同时，由于三极管 T 处于截止状态，使处于多谐振荡状态的 IC_3 的 4、8 脚无直流电源供电而不工作，并且 D_3 的截止使处于单稳态工作状态的 IC_4 的 2、6 脚为低电平，其 3、7 脚输出为高电平，从而继电器 J 的驱动线圈内无电流通过，J 不工作，它的一组控制用电设备交流供电的常闭触点

（J_{1-1}）保证了用电设备的正常供电。

电网供电发生异常等于或超过某一电压值，U_1 随 A 点电压上升而上升，而集成稳压电路 IC_1 的 3 脚输出仍为 +9V，其分压电压 U_H 和 U_L 保持不变。当 $U_1 > U_H$ 时，IC_2 的 7 脚电压翻转为低电平，D_1 工作，发出报警红光。而 U_L 仍然小于 U_1，IC_2 的 1 脚仍为高电平，D_2 仍不工作。

电网供电发生异常等于或低于某一电压值，U_1 随 A 点电压下降而下降，当 $U_1 < U_L$ 时，IC_2 的 1 脚电压翻转为低电平，D_2 工作，发出报警黄光。而 U_H 仍然大于 U_1，IC_2 的 7 脚仍为高电平，D_1 仍不工作。

不论其输入电压大于等于某一电压值还是小于等于某一电压值，D_1 或 D_2 总有一个因电网供电的异常而发出过压或欠压报警信号。

不论 D_1 还是 D_2 的工作，将导致 B 点电位下降，三极管 T 变为导通状态，多谐振荡器 IC_3 的 4、8 脚得到电源供电而工作，这时由 D_1 或 D_2 发出的报警信号具有闪烁效应。同时 T 的导通又使 D_3 得以工作，直流电压 +9V 通过 R_{10} 对 C_4 充电，单稳态电路 IC_4 的 2、6 脚的电位得到提升，当该电位上升到大于等于 $2/3V_{CC}$（+9V）使其 3 脚输出翻转为低电平后，继电器 J 的驱动线圈内有电流流过，J 工作，这样，它的一组控制用电设备交流供电的常闭触点 J_{1-1} 的断开迅速切断了用电设备的交流供电，同时 D_5 导通发光提示用电设备已经断电。这一自动控制过程的时间取决于由 R_{10}、C_4 组成的充电时间常数，一般为 $3 \sim 5s$。

当电网供电恢复正常，$U_1 > U_L$ 并 $U_1 < U_H$ 时，双比较集成电路 IC_2 的输出端 1、7 脚的电压均为高于 B 点电位的高电平，此时发光二极管 D_1（红色）与 D_2（黄色）均不导通（不发光）。三极管 T 处于截止状态，多谐振荡器 IC_3 的 4、8 脚无直流电源供电而不工作，并且 D_3 的截止，C_4 上的电压将通过 R_{10} 与 R_9 放电，当 C_4 上电压小于等于 $1/3V_{CC}$（+9V）时；单稳态电路 IC_4 的 3、7 脚翻转为高电平，继电器 J 不工作，它的一组控制用电设备常闭触点 J_{1-1} 恢复闭合，用电设备得以恢复工作。同时 D_5 熄灭。这一自动恢复过程的延迟时间取决于由 R_{10}、R_9、C_4 组成的放电时间常数，一般为 $3 \sim 5min$。

5 数字电子技术基本实验

5.1 数字电路实验一般要求

5.1.1 数字电路实验须知

数字电子技术是一门实践性很强的技术基础课，实验是学好这门课不可缺少的一个重要环节。通过实验学生可以加深对数字电子技术概念的理解，熟悉一些元器件和基本逻辑部件，熟悉数字电路实验的实验方法，掌握数字电路实验常用电子仪器和实验设备的使用方法和注意事项。

5.1.2 数字集成电路使用注意事项

A 识别引脚

常用的双列直插式封装的集成电路，引脚数目有 8、10、14、16、20、24、28 等，识别时将型号标记正放，缺口朝左，由顶部俯视从左下角开始逆时针方向数，引脚数上下对称排列。如图 5-1 所示。

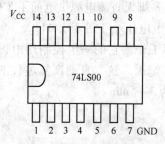

图 5-1 74LS00 管脚图

B TTL 集成电路的使用规则

（1）电源电压允许在 5V±10%。

（2）输出不能直接接地或接 +5V 电源。

（3）必须正确处理多余端。

（4）负载不能超过允许值。

C 集成电路的插接

（1）必须观察校正集成块的引脚，避免集成块的引脚压弯或折断。

（2）标记缺口朝左稍用力压下。

（3）拔出集成块时，一定要用专用起拔器。

5.1.3 怎样做好数字电路实验

A 实验前的准备

（1）认真预习实验内容，做到心中有数。

（2）按要求预先设计好电路，画好逻辑电路图，拟定好记录表格和实验步骤。

（3）完成预习报告。

B 实验预习报告

实验预习报告是实验操作的依据，要尽可能的简洁扼要，思路清楚，一目了然。

C 进行实验

（1）接线。先接电源及地线，后接输入输出线。

（2）检查确认接线无误，接通电源。

（3）正常，正确记录数据；反之，用数字万用表认真检查电路电源，连线，集成块是否正常，改正后正常方可记录数据。

（4）认真填写实验仪器使用记录。

D　实验报告

必须如实填写实验报告，实验报告内容一般包括实验目的，实验仪器和器件，实验内容和步骤，回答思考题和讨论实验结果。

5.2　实验一　数字电路实验常用电子仪器的使用练习

5.2.1　实验目的

（1）了解 SS-7802 型三踪示波器，GDM-392 型万用表和 SAC-DS2 型数字电路学习机等仪器设备，熟悉其功能、使用方法及其注意事项。

（2）掌握用 SS-7802 型三踪示波器测量直流电压及测量脉冲波形。

（3）熟悉数字逻辑电路实验箱的结构，基本功能和使用方法。

5.2.2　实验设备和器件

（1）SS-7802 型三踪示波器　1 台

（2）数字电路学习机 SAC-DS2　1 台

（3）数字万用表 GDM-392 型　1 台

（4）74LS00　1 片

（5）金属膜电阻（RJ）、碳膜电阻（RT）1.6kΩ/2W　各 1 只

5.2.3　实验内容

（1）数字万用表的使用练习，按图 5-2 调整数字万用表选择开关和量程并测试直流电压，交流电压和电阻值填入表 5-1 中。

表 5-1　万用表的测量内容

测量内容 / 测量值	直流电压/V	交流电压/V	直流电流/mA	电阻/kΩ	
				1.6	
				RJ	RT
标称值	5.0	220	<4.4		
实测值					

（2）SS-7802 型三踪示波器的使用练习（说明请看第 3 章 SS-7802 型三踪示波器使用说明），按图 5-3 接线，测量内容填入表 5-2。

1）测量 5V 电压。

2）双踪显示及观察两个波形之间的相位关系。

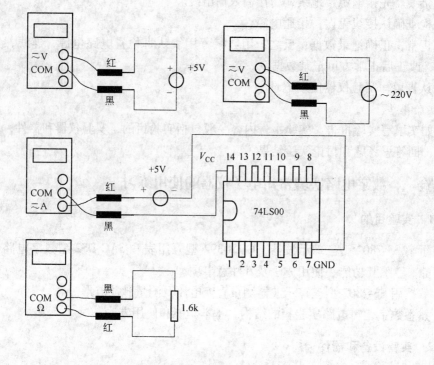

图 5-2　万用表接线示意图

表 5-2　示波器的测量内容

测量次序	探极衰减	灵敏度选择/V·DIV⁻¹	测得的格数 DIV/格	5V 电压实测值/V
1	X1	1		
2	X1	2		
3	X10	0.1		
4	X10	0.2		

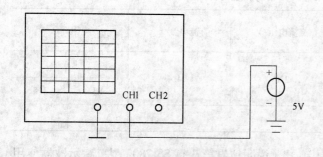

图 5-3　示波器接线示意图

5.2.4　实验报告

（1）记录、整理实验结果，并对结果进行分析。

（2）回答如何用万用表测量数字集成电路的好坏？

（3）回答如何用示波器确定输入信号是直流还是交流？

（4）回答如何用示波器测量电流信号？

（5）回答图 5-4 中 CP 和 Q 的波形中，高低电平各是多少伏；为什么会是这样？

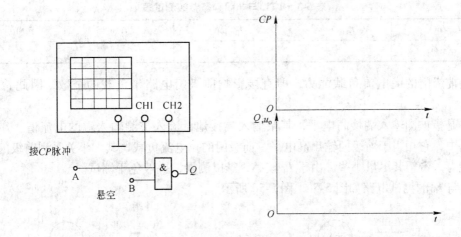

图 5-4　示波器观测两路波形接线示意图

5.3　实验二　TTL 门电路参数测定

5.3.1　实验目的

（1）掌握 TTL 集成与非门的逻辑功能和主要参数的测试方法。
（2）掌握 TTL 器件的使用规则。
（3）熟悉数字逻辑电路实验箱的结构，基本功能和使用方法。

5.3.2　实验设备和器件

（1）数字电路学习机 SAC-DS2　1 台
（2）数字万用表 GDM-392 型　1 台
（3）74LS20　1 片

5.3.3　实验内容

（1）低电平输出电源电流 I_{ccL} 和高电平输出电流 I_{ccH}

与非门处于不同的工作状态，电源提供的电流是不同的。通常 $I_{ccL} > I_{ccH}$，它们的大小标志着器件静态功耗的大小。器件的最大功耗为 $P_{ccL} = I_{ccL} \cdot 5V$。TTL 集成电路手册中提供的电源电流和功耗值是指整个器件总的电源电流和总的功耗，填表 5-3。

注意：TTL 电路对电源电压要求较严，电源电压 V_{cc} 只允许在 +5V ±10% 的范围内工作，超过 5.5V 将损坏器件；低于 4.5V 器件的逻辑功能将不正常。如图 5-5a、图 5-5b 所示。

（2）低电平输入电流 I_{iL} 和高电平输入电流 I_{iH}。

I_{iL} 是指被测输入端接地，其余输入端悬空时，由被测输入端流出的电流值。在多级门电路中，I_{iL} 相当于前级门输出低电平时的后级门，填表 5-3。

注意：7420 的另外一组四输入与非门的 A，B，C，D 要接地。

133

表 5-3　TTL 与非门静态参数测试表

I_{ccL}/mA	I_{ccH}/mA	$I_{iL}/\mu A$	I_{oL}/mA	No.

向前级门的灌电流负载能力，即直接影响前级门电路带负载的个数，因此希望 I_{iL} 小些。

I_{iH} 是指被测输入端接高电平，其余输入端接地，流入被测输入端的电流值。在多级门电路中，它相当于前级门输出高电平，前级门的拉电流负载，其大小关系到前级门的拉电流能力，希望其尽量小些。由于 I_{iH} 较小，难以测量，一般免于测试。

I_{iL} 与 I_{iH} 的测试电路如图 5-5c、图 5-5d 所示。

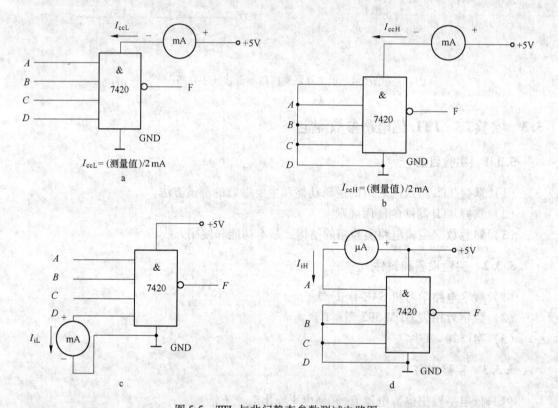

图 5-5　TTL 与非门静态参数测试电路图

（3）扇出系数 N_o。N_o 是指门电路能驱动同类门的个数，它是衡量门电路负载能力的一个参数，TTL 与非门有两种不同性质的负载，即灌电流负载和拉电流负载，因此有两种扇出系数，即低电平扇出系数 N_{oL} 和高电平扇出系数 N_{oH}。通常 $I_{iH} < I_{iL}$，所以 $N_{oH} > N_{oL}$，故常以 N_{oL} 作为门的扇出系数。

N_{oL} 的测试电路如图 5-6 所示，门的输入端全部悬空，输出端接灌电流负载 R_L，调节 R_L 使 I_{oL} 增大，V_{oL} 随之增高，当 V_{oL} 达到 V_{oLm}（TTL 集成电路手册中规定低电平规范值 0.4V）时的 I_{oL} 就是允许输入的灌入的最大负载电流，则

$$N_{oL} = I_{oL}/I_{iL}$$

（4）电压传输特性。门的输出电压 V_o 随输入电压 V_i 而变化的曲线 $V_o = f(V_i)$ 称为

门的电压传输特性，通过它可读得门电路的一些重要参数，如输出高电平 V_{oH}、输出低电平、关门电平 V_{off}、开门电平 V_{oN}、阈值电平 V_T 及抗干扰容限 V_{NL}、V_{NH} 等值。测试电路如图 5-7 所示，采用逐点测试法，调节电位器 R_w，使 V_i 从 0V 向高电平变化，逐点测量 V_i 和 V_o 的对应值，将测试结果记录在表 5-4 中，然后绘成曲线。

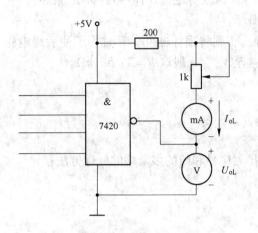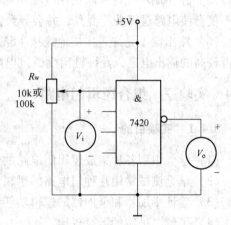

图 5-6　扇出系数测试电路图　　　　　　　图 5-7　传输特性测试电路

表 5-4　TTL 与非门传输特性测试表

V_i/V	0	0.2	0.4	0.6	0.8	0.9	1.0	1.1	1.2	1.5	2.0	2.5	3.0	3.5
V_o/V														

5.3.4　实验报告

（1）记录、整理实验结果，并对结果进行分析。

（2）由表 5-4 的测量结果，画出其输入输出曲线图。

（3）由表 5-4 的测量结果，把该集成电路作为放大器使用放大小信号，画出电路图？

5.3.5　TTL 集成电路使用规则

（1）接插集成块时，要认清定时标记，不得插反。

（2）电源电压使用范围为 +4.5 ~ +5.5V 之间，实验中要求使用 V_{cc} = +5V。电源极性绝对不允许接错。

（3）闲置输入端处理方法。

1）悬空，相当于正逻辑 "1"，对于一般小规模集成电路的数据输入端，实验时允许悬空处理。但易受外界干扰，导致电路的逻辑功能不正常。因此，对于接有长线的输入端，中规模以上的集成电路和使用集成电路较多的复杂电路，所有的控制输入端必须按逻辑要求接入电路，不允许悬空。

2）直接接电源电压 V_{cc}（也可串入一只 1 ~ 10kΩ 的固定电阻）或接至某一固定电压（+2.4V < U < 4.5V）的电源上，或与输入端为接地的多余与非门的输出端相接。

3）若前级驱动能力允许，可以与使用的输入端并联。

（4）输入端通过电阻接地，电阻值的大小将直接影响电路所处的状态。当 $R < 680\Omega$ 时，输入端相当于逻辑"0"；当 $R > 4.7k\Omega$ 时，输入端相当于逻辑"1"。对于不同系列的器件，要求的阻值不同。

（5）输出端不允许并联使用（集电极开路门（OC）和三态门电路（3S）除外）。否则不仅会使电路逻辑功能混乱，并会导致器件损坏。

（6）输出端不允许直接接地或接 +5V 电源，否则将损坏器件，有时为了使后级电路获得较高的输出电平，允许输出端通过电阻 R 接至 V_{cc}，一般取 $R = 3 \sim 5.1k\Omega$。

5.4 实验三 组合逻辑门电路

5.4.1 实验目的

（1）学会识别各种集成逻辑门电路的管脚排列序号和门的多余端的处理方法；
（2）学会测试常用几种门电路的逻辑功能；
（3）验证半加器和全加器的逻辑功能；
（4）了解二进制的运算规律。

5.4.2 实验设备和器件

（1）数字电路学习机 SAC-DS2　1 台
（2）数字万用表 GDM-392 型　1 台
（3）74LS00　1 片
（4）74LS02　1 片
（5）74LS04　1 片
（6）74LS08　1 片
（7）74LS32　1 片
（8）74LS86　1 片
（9）74LS283　1 片

5.4.3 实验内容

（1）测试下列所示的各种门电路的逻辑功能并将结果填入表 5-5 中，逻辑门电路如图 5-8 所示。

表 5-5　各种逻辑门电路的测试表

A	B	F_1	F_2	F_3	F_4	F_5	F_6	F_7	F_8	F_9
0	0									
0	1									
1	0									
1	1									

（2）按图 5-9 接线验证半加器的逻辑功能，将输出状态填入表 5-6 中。

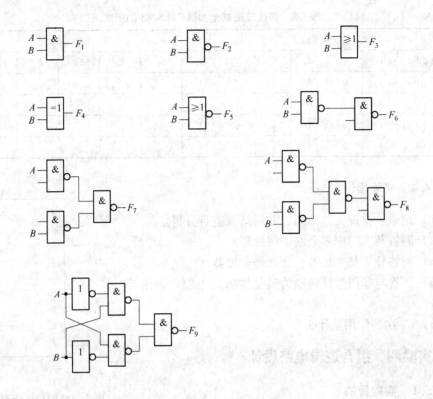

图 5-8　各种逻辑门电路的逻辑图

表 5-6　半加器的测试表

A	B	C	S
0	0		
0	1		
1	0		
1	1		

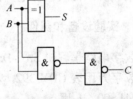

图 5-9　半加器的逻辑图

（3）按图 5-10 接线验证全加器的逻辑功能，将输出状态填入表 5-7 中。

表 5-7　全加器的测试表

A_i	B_i	C_i	C	S
0	0	0		
0	0	1		
0	1	0		
0	1	1		
1	0	0		
1	0	1		
1	1	0		
1	1	1		

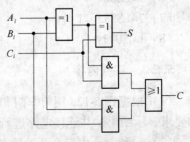

图 5-10　全加器的逻辑图

（4）按图 5-11 接线测试四位二进制全加器 74LS283 逻辑功能，将输出状态填入表 5-8 中。

137

表 5-8　四位二进制全加器 74LS283 的测试表

输入端及其逻辑状态								输出端状态					
A_4	A_3	A_2	A_1	B_4	B_3	B_2	B_1	C_4	F_4	F_3	F_2	F_1	十进制
0	0	1	0	0	1	0	1						
0	0	1	1	0	1	1	0						
0	1	1	0	1	1	0	1						
1	1	1	0	1	1	0	1						

5.4.4　实验报告

（1）记录、整理实验结果，并对结果进行分析。

（2）回答与非门中多余端如何处理？

（3）回答什么是半加器？什么是全加器？

（4）回答与非门怎样转换为其他逻辑门电路，画出转换电路？

（5）C_0 端的作用是什么？

5.5　实验四　组合逻辑电路设计

5.5.1　实验目的

（1）掌握一般组合逻辑电路的分析与设计方法。

（2）用实验验证所设计电路的逻辑功能。

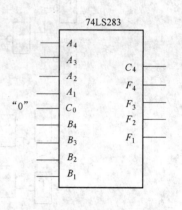

图 5-11　四位二进制全加器
74LS283 逻辑图

5.5.2　实验设备和器件

（1）数字电路学习机 SAC-DS2　1 台

（2）数字万用表 GDM-392 型　1 台

（3）74LS00　1 片

（4）74LS04　1 片

（5）74LS10　1 片

（6）74LS86　1 片

（7）74LS283　1 片

（8）LC5011-11　1 只

5.5.3　实验内容

（1）根据图 5-12a 用与非门和非门设计一个七段译码驱动电路，使之按图 5-12b 的 I 的要求显示结果，并连接电路进行验证。

（2）设计一个由三个开关控制一盏灯的电路，要求操作任一开关均可控制开灯或关灯。要用最少片数的门电路实现，参考线路如图 5-13 所示。

（3）设计一自动配电控制电路。

内容要求：某工厂三个车间各需电力 50kW，由一台 50kW 机组（X）和一台 100kW

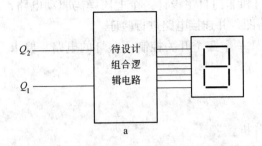

输入状态		显 示 结 果	
Q_1	Q_0	I	II
0	0	A	E
0	1	b	F
1	0	c	H
1	1	d	L

b

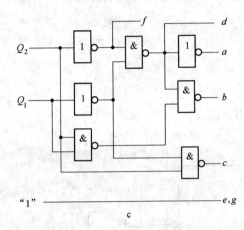

c

图 5-12　译码显示电路逻辑图

a—译码框图；b—译码器设计要求；c　译码器第 I 种显示电路

机组（Y）供电，要求：

一个车间工作时，X 机组启动供电；

两个车间工作时，Y 机组启动供电；

三个车间工作时，X，Y 机组启动供电。

要用最少片数的门电路实现，参考线路如图 5-14 所示。

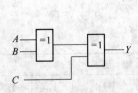

图 5-13　三个开关控制
一盏灯电路逻辑图

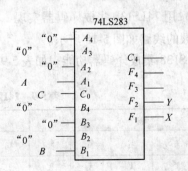

图 5-14　自动配电控制
电路逻辑图

（4）参照以上电路，根据图 5-12a 用与非门和非门自主设计一个七段译码驱动电路，使之按图 5-12b 的 II 的要求显示结果，画出电路图，并连接电路进行验证。

（5）参照以上电路，用基本门电路自主设计一个三个开关控制一盏灯的电路，要求操作任一开关均可控制开灯或关灯。

5.5.4 实验报告

（1）记录、整理实验结果，并对结果进行分析。

（2）回答 LC5011-11 数码管接"1"端怎么处理才正确？

（3）回答门电路的输出端直接接数码管后，还接其他门电路输入端，能可靠驱动后面的门电路吗？

5.6 实验五 译码器及其应用

5.6.1 实验目的

（1）掌握中规模集成译码器的逻辑功能和使用方法。

（2）熟悉数码管的使用。

5.6.2 实验设备和器件

（1）数字电路学习机 SAC-DS2 1 台

（2）数字万用表 GDM-392 型 1 台

（3）74LS20 1 片

（4）74LS02 1 片

（5）74LS138 1 片

（6）74LS48 1 片

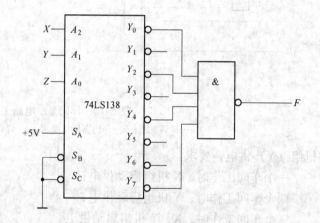

图 5-15 74LS138 集成译码器逻辑图

5.6.3 实验内容

A 变量译码器

（1）用 74LS138 集成译码器实现下列函数的线路如图 5-15 所示。

74LS138 集成译码器功能表如表 5-9 所示。

表 5-9 74LS138 集成译码器功能表

输入					输出							
S_A	$\overline{S_B} + \overline{S_C}$	A_2	A_1	A_0	$\overline{Y_0}$	$\overline{Y_1}$	$\overline{Y_2}$	$\overline{Y_3}$	$\overline{Y_4}$	$\overline{Y_5}$	$\overline{Y_6}$	$\overline{Y_7}$
0	X	X	X	X	1	1	1	1	1	1	1	1
X	1	X	X	X	1	1	1	1	1	1	1	1
1	0	0	0	0	0	1	1	1	1	1	1	1

140

输 入					输 出							
S_A	$\overline{S_B}+\overline{S_C}$	A_2	A_1	A_0	$\overline{Y_0}$	$\overline{Y_1}$	$\overline{Y_2}$	$\overline{Y_3}$	$\overline{Y_4}$	$\overline{Y_5}$	$\overline{Y_6}$	$\overline{Y_7}$
1	0	0	0	1	1	0	1	1	1	1	1	1
1	0	0	1	0	1	1	0	1	1	1	1	1
1	0	0	1	1	1	1	1	0	1	1	1	1
1	0	1	0	0	1	1	1	1	0	1	1	1
1	0	1	0	1	1	1	1	1	1	0	1	1
1	0	1	1	0	1	1	1	1	1	1	0	1
1	0	1	1	1	1	1	1	1	1	1	1	0

$$F = \overline{X}\,\overline{Y}\,\overline{Z} + \overline{X}\,Y\,\overline{Z} + X\,\overline{Y}\,\overline{Z} + XYZ = \overline{\overline{Y_0}\,\overline{Y_2}\,\overline{Y_4}\,\overline{Y_7}}$$

（2）用 74LS138 集成译码器实现作为数据分配器的接线如图 5-16 所示，图中输入地址码为 010。

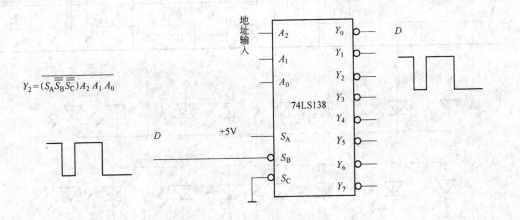

图 5-16　74LS138 集成译码器实现作为数据分配器逻辑图

B　显示译码器

七段发光二极管（LED）数码管原理及管脚图如图 5-17 所示。

74LS48 功能表如表 5-10 所示。

表 5-10　74LS48 功能表

输 入							输 出							
$\overline{RBI}$	$\overline{RBO/BI}$	$/LT$	D	C	B	A	a	b	c	d	e	f	g	显示字型
X	X	0	X	X	X	X	1	1	1	1	1	1	1	8
X	0	1	X	X	X	X	0	0	0	0	0	0	0	消隐
1	1	1	0	0	0	0	1	1	1	1	1	1	0	0
X	1	1	0	0	0	1	0	1	1	0	0	0	0	1
X	1	1	0	0	1	0	1	1	0	1	1	0	1	2
X	1	1	0	0	1	1	1	1	1	1	0	0	1	3
X	1	1	0	1	0	0	0	1	1	0	0	1	1	4
X	1	1	0	1	0	1	1	0	1	1	0	1	1	5

输　入							输　出							显示字型
$\overline{RBI}$	$RBO/\overline{BI}$	$\overline{LT}$	D	C	B	A	a	b	c	d	e	f	g	
X	1	1	0	1	1	0	0	0	1	1	1	1	1	6
X	1	1	0	1	1	1	1	1	1	0	0	0	0	7
X	1	1	1	0	0	0	1	1	1	1	1	1	1	8
X	1	1	1	0	0	1	1	1	1	0	0	1	1	9
X	1	1	1	0	1	0	0	0	0	1	1	0	1	⊏
X	1	1	1	0	1	1	0	0	1	1	0	0	1	⊐
X	1	1	1	1	0	0	0	1	0	0	0	1	1	⊔
X	1	1	1	1	0	1	0	0	0	1	0	1	1	⊏
X	1	1	1	1	1	0	0	0	0	1	1	1	1	⊏
X	1	1	1	1	1	1	0	0	0	0	0	0	0	

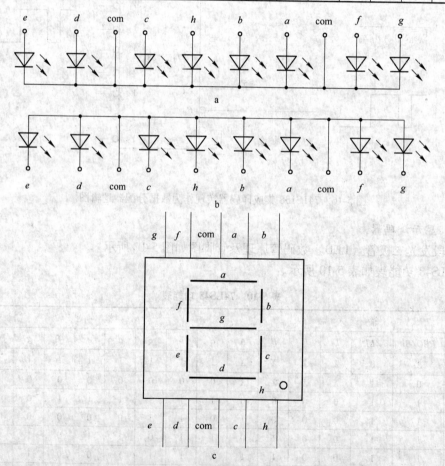

图 5-17　七段发光二极管（LED）数码管原理及管脚图

a—共阴连接；b—共阳连接；c—符号及引脚功能

74LS48 的特殊功能包括：

$\overline{LT}$：灯测试$\overline{LT}=0$，$a\cdots g=$ "1" 数码管全亮；

$\overline{BI}$：消隐输入$\overline{BI}=0$，$a\cdots g=$ "0" 数码管熄灭；

$\overline{RBI}$：脉冲消隐输入$\overline{RBI}=0$，数码管 0 不显示；

$\overline{RBO}$：脉冲消隐输出，数码管为 0 时输出低电平。

根据 74LS48 功能表验证其功能，图 5-18 是用 74LS48 驱动共阴连接数码管的接线图。

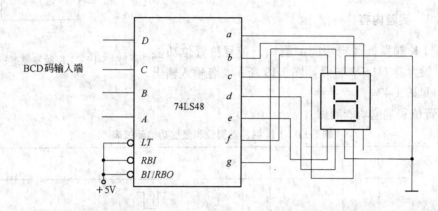

图 5-18　74LS48 驱动共阴连接数码管的接线图

（1）参照以上电路，用 74LS138 自主设计一个由三个开关控制一盏灯的电路，要求操作任一开关均可控制开灯或关灯，画出电路，记录、整理实验结果。

（2）参照以上电路，用 74LS138 自主设计三人表决器，要求两个人或两个人以上同意，表决通过。否则不通过。画出电路，记录、整理实验结果。

5.6.4　实验报告

（1）复习有关译码器和分配器的有关原理，对实验结果进行分析讨论。

（2）根据实验任务，记录 74LS138 实现逻辑函数和数据分配器的实验结果的真值表。

（3）回答怎样用 74LS138 实现三输入组合逻辑电路的设计？

5.7　实验六　触发器

5.7.1　实验目的

（1）学习触发器逻辑功能的测试方法。

（2）熟悉 J-K 触发器，D 触发器和 T 触发器的逻辑功能及触发方式。

（3）熟悉触发器之间相互转换的方法。

5.7.2　实验设备和器件

（1）数字电路学习机 SAC-DS2　1 台

（2）SS-7802 型三踪示波器　1 台

143

（3）数字万用表 GDM-392 型　1 台

（4）74LS00　1 片

（5）74LS04　1 片

（6）74LS73　1 片

（7）74LS74　1 片

（8）74LS86　1 片

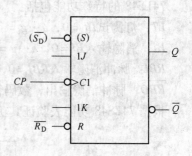

图 5-19　J-K 触发器逻辑图

5.7.3　实验内容

（1）J-K 触发器逻辑功能的测试，带复位置位功能的双 J-K 触发器 74LS73 符号如图 5-19 所示。各输入输出端管脚号见表 1-47。

1）置位和复位功能测试（表 5-11）

表 5-11　J-K 触发器置位和复位功能测试表

CP	Q^n	J	K	$\overline{R_D}$	$\overline{S_D}$	Q^{n+1}
X	X	X	X	⊓⊔	1	
X	X	X	X	1	⊓⊔	

2）逻辑功能测试

①按表 5-12 在 J-K 端加入控制电平，在 CP 端加单脉冲，把 Q^{n+1} 的状态填入空格中。

表 5-12　J-K 触发器逻辑功能测试表

J	0		0		1		1	
K	0		1		0		1	
Q^n	0	1	1	0	0	1	1	0
Q^{n+1}								

②J-K 触发器计数功能测试，线路如图 5-20 所示，在表 5-13 中绘制 Q 和 $\overline{Q}$ 的波形图。

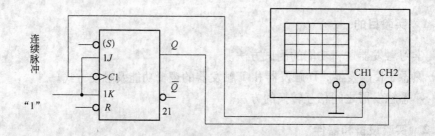

图 5-20　J-K 触发器计数功能测试接线图

144

表 5-13　J-K 触发器计数功能波形记录表

CP	
Q	
$\overline{Q}$	

（2）D 触发器逻辑功能的测试，D 触发器 74LS74 符号如图 5-21 所示。D 触发器计数功能测试接线图如图 5-22 所示。

1）置位和复位功能测试如表 5-14 所示。

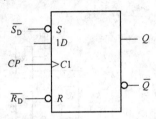

图 5-21　D 触发器逻辑图

表 5-14　D 触发器置位和复位功能测试表

CP	Q^n	D	$\overline{R_D}$	$\overline{S_D}$	Q
X	X	X	⊓̲	1	
X	X	X	1	⊓̲	

2）逻辑功能测试包括：

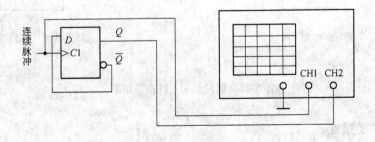

图 5-22　D 触发器计数功能测试接线图

① CP 端加单脉冲如表 5-15 所示。

表 5-15　D 触发器逻辑功能测试表

D	0		1	
Q^n	0	1	1	0
Q^{n+1}				

② CP 端加连续脉冲如表 5-16 所示。

表 5-16 D 触发器计数功能波形记录表

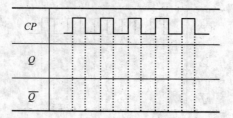

（3）触发器之间相互转换，按图 5-23 分别接线验证转换后的触发器逻辑功能是否正确。

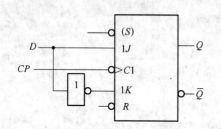

J-K 触发器转换为 D 触发器

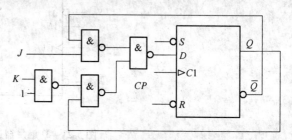

D 触发器转换为 J-K 触发器

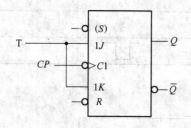

J-K 触发器转换为 T 触发器

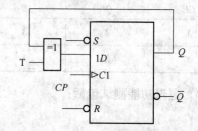

D 触发器转换为 T 触发器

图 5-23 触发器相互转换逻辑图

5.7.4 实验报告

（1）复习各类触发器的逻辑功能，触发方式。

（2）记录、整理实验结果，并对结果进行分析。

（3）回答 J-K 触发器为什么可以转换为其他任何触发器？

5.8 实验七 抢答器的设计

5.8.1 实验目的

学会中规模集成触发电路的具体运用。

5.8.2 实验设备和器件

（1）数字电路学习机 SAC-DS2　1 台
（2）数字万用表 GDM-392 型　1 台
（3）74LS00　1 片
（4）74LS02　1 片
（5）74LS21　1 片
（6）74LS32　2 片
（7）74LS175　1 片
（8）74LS373　1 片
（9）47μF/16V 电容　1 支

5.8.3 实验内容

（1）用 D 触发器 74LS175 设计四路抢答器。线路如图 5-24 所示，按图接线验证功能。开始前令 $K_R = 0$，则 $Q_4 Q_3 Q_2 Q_1 = 0000$，$\overline{Q_4} \, \overline{Q_3} \, \overline{Q_2} \, \overline{Q_1} = 1111$，与门 G_1 输出为"1"，与非门 G_2 打开，允许脉冲（1kHz）送到 D 触发器 74LS175 CP 端。因 $K_4 K_3 K_2 K_1 = 0000$，所以各输出端不会改变状态，一旦某人抢答，$K_i = 1$，$Q_i = 1$，$\overline{Q_i} = 0$，G_1 输出为"0"，与非门 G_2 被封锁，脉冲（1kHz）不能再送到 D 触发器 74LS175 CP 端，其他人再按就不再起作用。

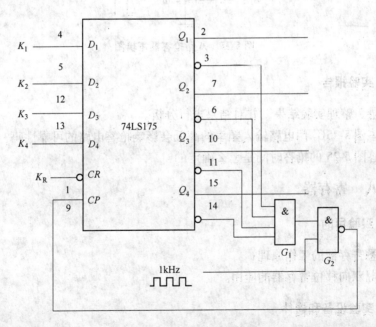

图 5-24　四路抢答器逻辑图

（2）用八位锁存器 74LS373 设计八路抢答器。线路如图 5-25 所示，按图接线验证功能。

（$D_1 \sim D_8$ 数据输入端，$Q_1 \sim Q_8$ 数据输出端，LE 锁存允许端，$\overline{EN}$ 三态允许控制端）。

开始时主持人按 AN_1 抢答开始，一旦某人抢答，$K_i = 0$，$Q_i = 0$，其他人再按就不再起作用。R_{w1} 和 C 构成抢答时间控制电路。

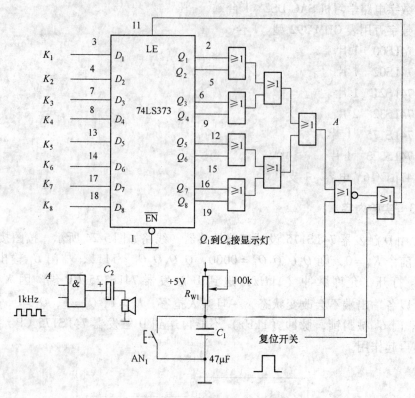

图 5-25　八路抢答器逻辑图

5.8.4　实验报告

（1）记录、整理实验结果，并对结果进行分析。

（2）回答图 5-25G_2 门电路输入频率的高低会影响抢答电路的可靠性吗？

（3）回答图 5-25 的抢答时间是怎么确定的？

5.9　实验八　寄存器

5.9.1　实验目的

（1）熟悉寄存器的工作原理；

（2）掌握双向移位寄存器的应用。

5.9.2　实验设备和器件

（1）数字电路学习机 SAC-DS2　1 台

（2）数字万用表 GDM-392 型　1 台

（3）74LS00　1 片

（4）74LS73　1 片

148

（5）74LS194 1片

5.9.3 实验内容

（1）双向移位寄存器 74LS194 逻辑功能测试如下。

按表 5-17 中的输入状态分别接线，测试输出状态是否正确。

1）寄存器清零。

2）并行数据寄存功能测试。

3）右移功能测试。

4）左移功能测试。

表 5-17 74LS194 功能表

输 入										输 出				工作状态
清零	控制信号		时钟	串行输入		并行输入				Q_A	Q_B	Q_C	Q_D	
$\overline{R_D}$	S_1	S_0	CP	D_{SL}	D_{SR}	A	B	C	D					
L	X	X	X	X	X	X	X	X	X	L	L	L	L	清 零
H	X	X	L	X	X	X	X	X	X	Q_{An}	Q_{Bn}	Q_{Cn}	Q_{Dn}	保 持
H	H	H	↑	X	X	d_A	d_B	d_C	d_D	d_A	d_B	d_C	d_D	并 存
H	L	H	↑	X	H	X	X	X	X	H	Q_{An}	Q_{Bn}	Q_{Cn}	右 移
H	L	H	↑	X	L	X	X	X	X	L	Q_{An}	Q_{Bn}	Q_{Cn}	
H	H	L	↑	H	X	X	X	X	X	Q_{Bn}	Q_{Cn}	Q_{Dn}	H	左 移
H	H	L	↑	L	X	X	X	X	X	Q_{Bn}	Q_{Cn}	Q_{Dn}	L	
H	L	L	X	X	X	X	X	X	X	Q_{An}	Q_{Bn}	Q_{Cn}	Q_{Dn}	时钟禁止

注：管脚 15～12 是 $Q_A \sim Q_D$；11—CP；10—S_1；9—S_0；1—R_D；2—D_{SR}；7—D_{SL}；3～6 是 A～D，参见附录。

（2）用双向移位寄存器 74LS194 实现自动往复循环逻辑。线路如图 5-26 所示，按图接线验证功能。

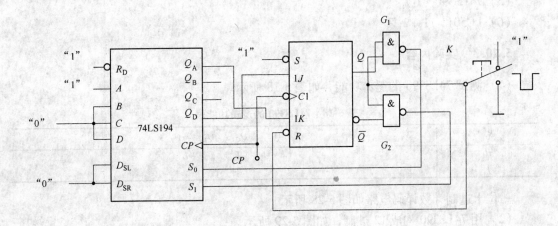

图 5-26 自动往复循环电路逻辑图

原理及要求：用四个发光二极管显示输出状态，复位后，按以下启动开关 K，$G_1 = G_2 = 1$，74LS194 并行置数 $Q_D Q_C Q_B Q_A = 0001$，发光二极管 A 亮，放开启动开关 K，$G_1 \neq G_2$，$S_1 \neq S_0$，随后自动向右移（发光二极管按 ABCD 排列），当发光二极管 D 亮后，又自动左移，到发光二极管 A 亮后，又自动右移，反复循环。

（3）参照以上电路，用 D 触发器和双向移位寄存器 74LS194 自主设计实现自动往复循环逻辑电路。要求同上。

5.9.4　实验报告

（1）复习各类移位寄存器的工作原理和逻辑功能。

（2）记录、整理实验结果，并对结果进行分析。

（3）回答图 5-27 中双向移位寄存器 74LS194 是上升沿触发，J-K 触发器 74LS73 是下降沿触发，它们是共有 CP 源，这样连接电路可靠吗？

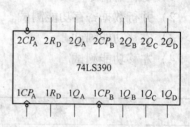

图 5-27　74LS390 集成计数器逻辑图

5.10　实验九　任意进制计数器设计

5.10.1　实验目的

（1）掌握中规模计数器设计任意进制计数器的方法；

（2）掌握用组合逻辑电路产生复位、置位等控制信号的方法；

（3）熟悉计数-译码-显示电路的工作原理及分析方法。

5.10.2　实验设备和器件

（1）数字电路学习机 SAC-DS2　1 台

（2）数字万用表 GDM-392 型　1 台

（3）74LS00　1 片

（4）74LS48　2 片

（5）74LS390　1 片

（6）LC5011-11　2 只

5.10.3　实验内容

（1）测试 74LS390 的逻辑功能，如表 5-18 所示。

表 5-18　74LS390 的逻辑功能表

R_D		Q_D	Q_C	Q_B	Q_A
H		L	L	L	L
L		计　数			

一位十进制计数译码电路如图 5-28 所示。

（2）用 74LS390 构成 12 进制，如图 5-29 所示。

（3）参照以上电路，用一片 74LS390 自主设计 100 以内的任意进制，如 63 进制。

150

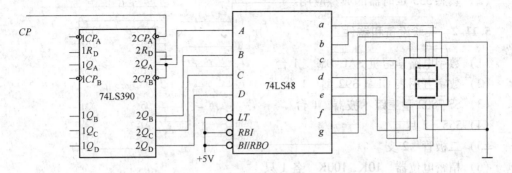

图 5-28　一位十进制计数译码电路逻辑图

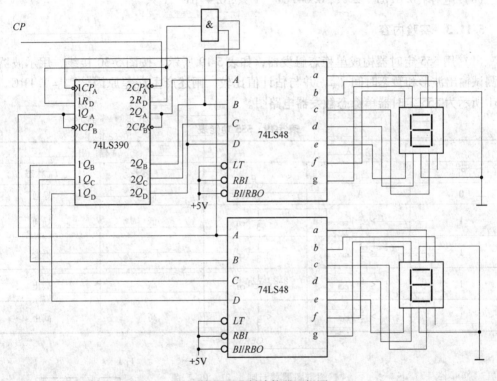

图 5-29　12 进制计数器逻辑图

5.10.4　实验报告

（1）复习 74LS390 的工作原理和逻辑功能。

（2）记录、整理实验结果，并对结果进行分析。

（3）用 74LS390 设计任意进制的方法和步骤。

5.11　实验十　555 电路

5.11.1　实验目的

（1）熟悉 555 定时器的工作原理及定时元件 RC 对振荡周期和脉冲宽度的影响。

(2）熟悉 555 定时器的典型应用。

5.11.2　实验设备和器件

（1）数字电路学习机 SAC-DS2　1 台
（2）数字万用表 GDM-392 型　1 台
（3）SS-7802 型三踪示波器　1 台
（4）555　2 片
（5）二极管　2 支
（6）精密电位器　10K，100K　各 1 只
（7）电阻　2kΩ　2 支，20kΩ　1 支，30kΩ　2 支
（8）电容　0.01μF　2 只，0.047μF　1 只，0.47μF　1 只

5.11.3　实验内容

（1）用 555 定时器构成单稳态触发器，如表 5-19 所示。按图 5-30 接线，用示波器观察测试输出波形和暂态时间 T_W，并与估计值比较，阐述产生误差原因。$T_W = 1.1RC$。图 5-31 所示为 555 定时器单稳态触发器电路图。

表 5-19　555 功能表

输　入			输　出	
$\overline{R_D}$	v_{I1}	v_{I2}	v_{co}	T_D 状态
0	X	X	低	导通
1	$> \dfrac{2}{3}V_{CC}$	$> \dfrac{1}{3}V_{CC}$	低	导通
1	$< \dfrac{2}{3}V_{CC}$	$> \dfrac{1}{3}V_{CC}$	不变	不变
1	$< \dfrac{2}{3}V_{CC}$	$< \dfrac{1}{3}V_{CC}$	高	截止
1	$> \dfrac{2}{3}V_{CC}$	$< \dfrac{1}{3}V_{CC}$	高	截止

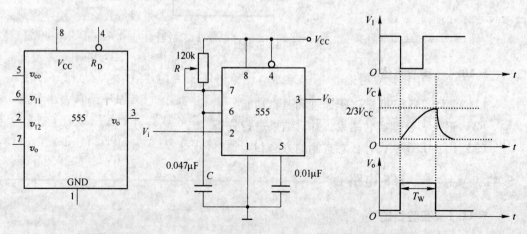

图 5-30　555 定时器逻辑图　　　　图 5-31　555 定时器单稳态触发器电路图

（2）用 555 定时器构成波形对称的多谐振荡器。

1）计算并测试图 5-32 所示多谐振荡器的周期和频率。

2）绘制输出波形 V_0 和电容器 C 的波形 V_C。

（3）用 555 定时器构成占空比可调的振荡电路。

1）计算并测试图 5-33 所示多谐振荡器的周期和频率。

2）绘制输出波形 V_0 和电容器 C 的波形 V_C。

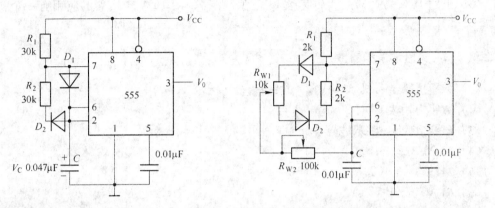

图 5-32　555 定时器对称多谐振荡器电路图　　　　图 5-33　555 定时可调多谐振荡器电路

（4）用 555 定时器构成"叮咚"门铃电路，如图 5-34 所示。试简述其工作原理，并按图接线，验证功能。

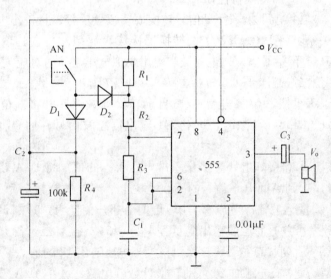

图 5-34　555 定时器简易门铃电路图

5.11.4　实验报告

（1）复习 555 的工作原理和功能。

（2）记录、整理实验结果，并对结果进行分析。

（3）分析图 5-31 频率和参数的实测值满足公式关系吗？

5.12 实验十一 D/A 转换器

5.12.1 实验目的

（1）了解 D/A 集成芯片 DAC0832 的基本结构和特性。

（2）通过测试 D/A 转换器的转换特性，加深对 D/A 转换器的理解。

（3）通过 D/A 转换器产生锯齿波和三角波信号，对 D/A 转换器的应用有一个初步了解。

5.12.2 实验设备和器件

（1）数字电路学习机 SAC-DS2　1 台

（2）数字万用表 GDM-392 型　1 台

（3）SS-7802 型三踪示波器　1 台

（4）DAC0832　1 片

（5）74LS73　1 片

（6）CF741　1 片

（7）自行设计 8 位加/减计数器

5.12.3 实验内容

（1）测试 DAC0832 的转换特性如表 5-20 所示。

原理：1）D/A 转换就是把数字量信号转换成模拟量信号，且输出电压与输入的数字量成一定的比例关系。将 DAC0832 D/A 转换器接成直通型，并在其输出端接运放 741，这样就可以验证 D/A 转换器输入二进制数和输出模拟电压之间的对应关系。

2）用两片四位二进制同步可逆计数器 74LS191（74LS169）或四位二进制同步双时钟可逆计数器 74LS193 组成八位二进制加/减自动转换计数器，并将八位二进制数码输入 D/A 转换器。作加（或减）计数时，运放 741 输出锯齿波信号，加/减自动转换计数时，输出三角波信号。

步骤：1）按图 5-35 接好电路，测量基准电压 V_{REF} 的值。将 D/A 转换器的数字量输入端 $D_7 \sim D_0$ 按顺序接到高低电平信号的置数开关上。当二进制数全为"0"时，调节运放的调零电位器 R_W 使运放输出电压 $V_0 = 0$。再把全部开关置为"1"，调整外接反馈电阻 R_f，改变运放的放大倍数，使运放输出满量程 $V_0 = -5V$。接着二进制开关从最低位逐渐置"1"或按表 5-17 所列状态置数，逐次测量模拟电压输出 V_0 的值。

2）按要求设计八位二进制加/减自动转换计数器电路，并把 D/A 转换器数字量输入端 $D_7 \sim D_0$ 改接到计数器对应的输出端 $Q_7 \sim Q_0$，让计数器进行加/减自动转换，去计数器时钟脉冲频率为 $1 \sim 2$MHz，用示波器观察和记录输出电压波形，测出频率。

3）改动计数器电路，使计数器分别单独作加法计数和减法计数，用示波器观察和记录输出电压波形。

管脚功能说明：

八位数字输入信号：$D_7(13)$、$D_6(14)$、$D_5(15)$、$D_4(16)$、$D_3(4)$、$D_2(5)$、$D_1(6)$、

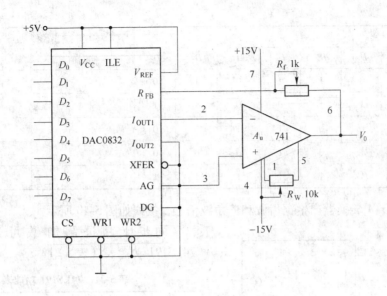

图 5-35 DAC0832 D/A 转换器电路图

$D_0(7)$；

片选信号：$\overline{CS}(1)$（低电平有效）；

允许输入锁存：$ILE(19)$（高电平有效）；

传递控制信号：$\overline{XFER}(17)$（低电平有效）；

写信号：$\overline{WR}_1(2)$，$\overline{WR}_2(18)$（低电平有效）；

输出信号：$I_{O1}(11)$、$I_{O2}(12)$；

参考电压：$U_{REF}(8)$；

外接反馈电阻端：$R_{FB}(9)$；

接地端：$AG(3)$，$DG(10)$。

表 5-20 DAC0832 D/A 转换数据表

输入数字量								输出模拟电压/V	
D_7	D_6	D_5	D_4	D_3	D_2	D_1	D_0	实测值	理论计算值
0	0	0	0	0	0	0	0		
0	0	0	0	0	0	0	1		
0	0	0	0	0	0	1	0		
0	0	0	0	0	1	0	0		
0	0	0	0	1	0	0	0		
0	0	0	1	0	0	0	0		
0	0	1	0	0	0	0	0		
0	1	0	0	0	0	0	0		
1	0	0	0	0	0	0	0		

输入数字量								输出模拟电压/V	
D_7	D_6	D_5	D_4	D_3	D_2	D_1	D_0	实测值	理论计算值
1	0	0	1	1	0	1	0		
1	0	1	1	0	0	1	1		
1	1	0	0	1	1	1	0		
1	1	1	0	1	0	0	0		
1	1	1	1	1	1	1	1		

（2）用 D/A 转换器产生锯齿波和三角波信号，接线如图 5-40 所示。

同步十六进制加/减可逆计数器 74LS191 功能表（表 5-21）。

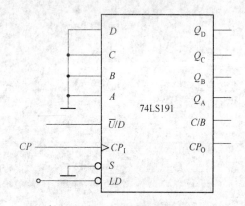

图 5-36　74LS191 逻辑图

表 5-21　74LS191 功能表

CP_1	$\bar{S}$	$\overline{LD}$	$\bar{U}/D$	工作状态
X	1	1	X	保持
X	X	0	X	预置数
⎍	0	1	0	加法计数
⎍	0	1	1	减法计数

同步十六进制加/减可逆计数器 74LS191 的框图，如图 5-36 所示。

八位二进制加/减自动转换计数器，如图 5-37 所示。

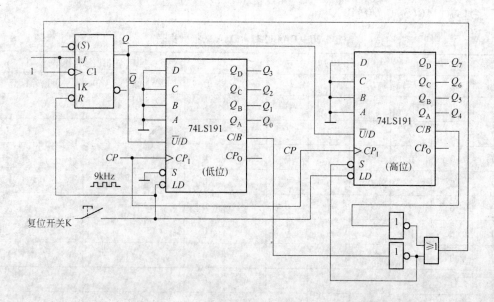

图 5-37　八位二进制加/减自动转换计数器电路图

156

同步十六进制加/减可逆计数器 74LS169 功
能如表 5-22 所示。

表 5-22　74LS169 功能表

CP_1	$\overline{ENP}$	$\overline{ENT}$	$\overline{LD}$	$U/\overline{D}$	工作状态
X	1	X	1	X	保持
X	X	1	1	X	保持
⎍	X	X	0	X	预置数
⎍	0	0	1	1	加法计数
⎍	0	0	1	0	减法计数

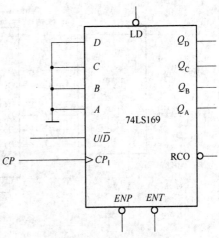

图 5-38　74LS169 逻辑图

同步十六进制加/减可逆计数器 74LS169，
如图 5-38 所示。

八位二进制加/减自动转换计数器，如图 5-39 所示。

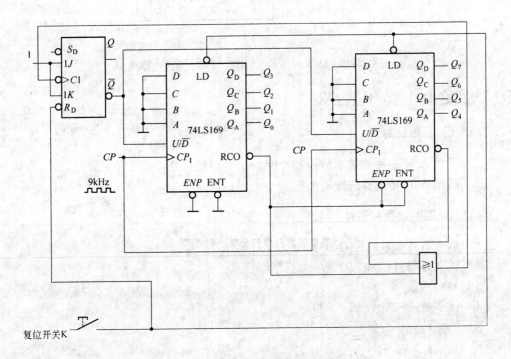

图 5-39　八位二进制加/减自动转换计数器电路图

D/A 转换器产生锯齿波和三角波电路如图 5-40 所示。

5.12.4　实验报告

（1）复习 D/A 转换器的工作原理和功能。

（2）记录、整理实验结果，并对结果进行分析。

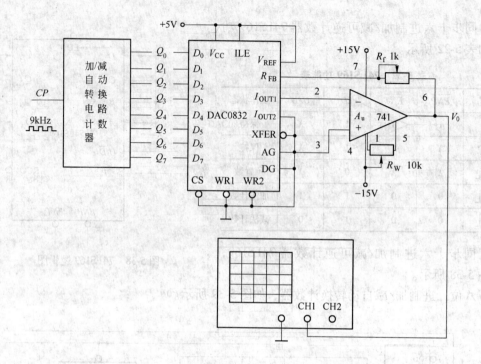

图 5-40 D/A 转换器产生锯齿波和三角波电路图

5.13 实验十二 A/D 转换器

5.13.1 实验目的

（1）了解 A/D 芯片的基本结构和特性。
（2）测试 A/D 转换器的转换性能。

5.13.2 实验设备和器件

（1）数字电路学习机 SAC-DS2 1 台
（2）数字万用表 GDM-392 型 1 台
（3）ADC0808 1 片
（4）1K 精密微调电位器 1 只
（5）100μF/16V 电解电容 1 只
（6）0.1μF 电容 1 只
（7）5.1kΩ 电阻 1 只

5.13.3 实验内容

（1）测试 A/D 转换器的转换性能

原理：ADC0808 是一种 CMOS 组件。它具有 8 位 A/D 转换器和 8 路的多路开关，其中 A/D 转换采用逐次渐进法实现。取一路数字量加到 D/A 转换器上，于是得到一个对应的输出模拟电压。将这个模拟电压与输入的模拟电压相比较。如果两者不相等，则调整所取的数字量，直到两个模拟电压相等为止，最后所取的这个数字量就是所求的转换结果，此数字量存入三态缓冲器，并给出转换结束信号。

步骤：按图 5-41 接线。

1）用学习机上的三组高低电平开关做 A/D 转换器的地址选择信号，用以选择模拟信号的通道。

2）将 A/D 转换器的八位数字量 $D_7 \sim D_0$ 分别接到学习机的 LED 显示单元上。

3）电源 V_{CC} 及参考电压 $V_{REF(+)}$ 同时接在 +5V 电源上。

4）接入电解电容时，注意其极性。

5）将转换结束信号接到学习机的 LED 显示单元上。

断续转换：EOC 与 ALE 连接，ST 端通过 5.1kΩ 电阻接到学习机上的单次脉冲上，用此单次脉冲做 A/D 转换器的启动信号。时钟 CP 接在学习机上的连续脉冲上（$f = 1kHz$），用 1K 电位器将 +5V 电源分压后输出作为 A/D 转换器的输入模拟信号，按表 5-23 选择不同的通道进行测量。测试时每改变一次输入电压需给一次启动信号。

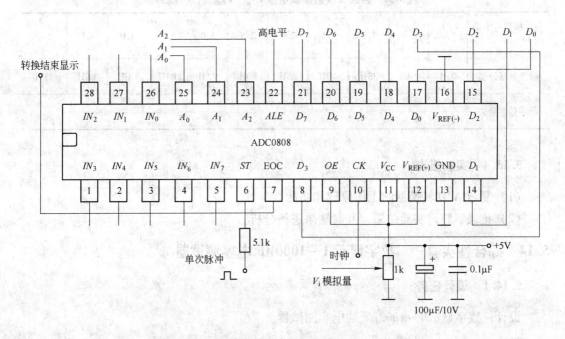

图 5-41 ADC0808 A/D 转换电路图

表 5-23 断续转换数据表 $V_{REF(+)} = \quad$ V

通　道	输入模拟电压量/V	数字量理论值	数字量测量值
IN_0	0.0	00H	
	0.5	1AH	
IN_1	1.0	33H	
	1.5	4DH	
IN_2	2.0	66H	
	2.5	80H	

通 道	输入模拟电压量/V	数字量理论值	数字量测量值
IN_3	3.0	9AH	
IN_4	3.5	B3H	
IN_5	4.0	CCH	
IN_6	4.5	E6H	
IN_7	5.0	FFH	

连续转换：将 EOC 与 ST 相连，即用前一个 A/D 转换结束信号作为下一次的启动信号，这样输入模拟量改变时，输出数字量即跟随变化，按表 5-24 进行测试。

表 5-24　连续转换数据表通道 IN_0　$V_{REF(+)} = $　　　V

输入模拟电压量/V	0.0	0.5	1.0	1.5	2.0	2.5	3.0	3.5	4.0	4.5	5.0
数字量理论值	00H	1AH	33H	4DH	66H	80H	9AH	B3H	CCH	E6H	FFH
数字量测量值											

5.13.4　实验报告

（1）复习 A/D 转换器的工作原理和功能。

（2）记录、整理实验结果，并对结果进行分析。

5.14　综合性实验一　数字显示 1~1000μF 电容测试器

5.14.1　设计任务

设计一数字显示 1~1000μF 的电容测试器。

5.14.2　设计要求

（1）基本要求：能用 LED 数码管显示测试电容的容值。

（2）发挥部分。在原电路基础上可转变为测量 0.01~1μF 电容的数显测试器。

5.14.3　指导提示

（1）系统框图如图 5-42 所示。

（2）用 555 电路来实现电容的测试信号的产生。

注：555 功能表见实验 5.11。

（3）用 74LS390 和 74LS48 来实现数码显示电路。

注：74LS390 功能表见实验 5.10。

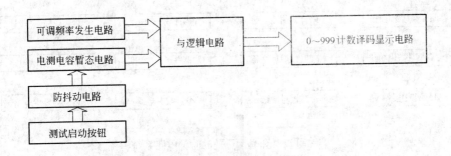

图 5-42　数字显示 1～100μF 电容测试器系统框图

5.14.4　设计报告要求

（1）设计任务及要求。

（2）设备和器件。

（3）画系统框图及原理图。

（4）分析各功能模块的原理及设计方案的选择。

（5）写个人收获体会及对本设计的意见和建议。

5.15　综合性实验二　可报时和显示星期的数字时钟电路

5.15.1　设计任务

设计一可报时和显示星期的时钟。

5.15.2　设计要求

（1）基本要求

1）可计星期、小时、分钟，并能进行数码显示。

2）可调星期时分。

（2）发挥部分

1）可计秒并进行数码显示。

2）有闹钟功能。

3）在满整点前 5s 开始报时，发出报时声。

5.15.3　指导提示

（1）系统框图如图 5-43 所示。

（2）秒脉冲产生电路，用 555 电路产生秒脉冲；用晶振加分频器产生秒脉冲。

（3）计数电路，用 74LS390 构成的计数器。

注：74LS390 功能表见实验 5.10。

（4）显示译码电路，用 74LS48 和 LED 构成显示译码电路。

注：电路见实验 5.10。

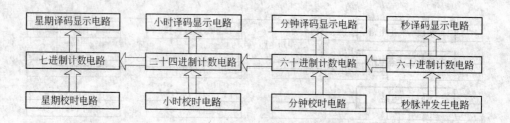

图 5-43　可校时和显示星期的时钟电路系统框图

5.15.4　设计报告要求

（1）设计任务及要求。

（2）设备和器件。

（3）画系统框图及原理图。

（4）分析各功能模块的原理及设计方案的选择。

（5）写个人收获体会及对本设计的意见和建议。

6 电子线路的计算机仿真

在计算机技术飞速发展的今天，利用计算机虚拟技术进行科学研究、科学分析已经变得非常普遍。这里结合教学，讲述怎样利用 Multisim10 进行电子线路的设计和仿真，它可以在不受场地、仪器、器材限制的情况下，有效地进行虚拟电子实验。Multisim10 以下简称 Multisim，目前在其官方网站可以下载到学习版本。

6.1 Multisim 简介

6.1.1 Multisim 的特点

Multisim 是基于 PC 平台的电子设计软件，由 National Instruments Corporation 开发。该软件有如下特点：

（1）是一个完整的设计工具系统。Multisim 与早期的 Electronics Workbench 比较已经是一个完整的设计工具系统。软件本身提供了非常大的元件数据库，提供了原理图的输入接口、数模 Spice 仿真功能、VHDL/Verilog 设计接口与仿真功能、RF 设计能力和后处理功能，Multisim 的 MCU 模块还加入了微控制器的协仿真功能。

（2）接近真实的仿真平台。Multisim 基本操作都可以通过鼠标完成，分析结果的输出集成在一个菜单系统中，非常便于观察。软件中使用了虚拟仪器技术，常用的实验仪器如示波器、万用表、波特图仪和逻辑分析仪等都可以进行模拟操作，仿真电子电路就像在实验室做实际动手操作的实验。

（3）丰富的软件接口。Multisim 可以实现从原理图到 PCB 布线工具包的无缝数据传送，配合与之配套的 Ultiboard 可以实现电路排版工作，从而使软件具有了从电路设计、仿真到电路排版的整套电子产品开发的功能。

为了便于使用或弥补自身的不足，软件设计了丰富的软件接口，可以把设计通过转换工具转换成可以让如 Protel、Orcad 等高级 PCB 排版软件接受和兼容的文件形式，让这些软件完成电路的排版工作。

6.1.2 软件使用环境

（1）Windows 2000 Service Pack 3 或更高版本，Windows XP。

（2）Pentium 4 级处理器或同等主频的其他处理器。

（3）推荐 512 MB 内存（最低内存配置 256 MB）。

（4）推荐 1.5 GB 磁盘空间（最低磁盘空间 1 GB）。

（5）具有 Open GL®功能 3D 显卡。

（6）显示器分辨率最低要求 800×600。

6.1.3 使用的符号标准

该软件内部集成了两套符号标准，美国符号标准 ANSI 及欧洲符号标准 DIN，使用时可以根据自己的习惯选择一下。在菜单中点击"Options"选"Global Preferences…"进入 Preferences 界面在"Symbol standard"对话框中可以进行两种标准符号的选择切换。图 6-1 列出的是两套符号中常用但又有明显差异的符号，以供使用中作一个参照。

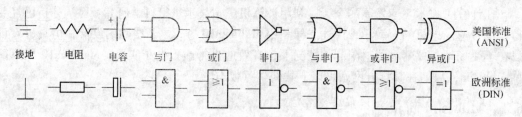

图 6-1 符号对照

6.2 Multisim 基本功能介绍

6.2.1 Multisim 基本界面

以下仅对 Multisim 基本功能加以介绍，具体和更详细的操作使用方法，可以参阅由软件附带的"Multisim User Guide"，在软件安装完后此手册在安装的"NI Multisim"程序组中有链接图标，点击可查看。

图 6-2 中工具条的摆放可根据个人喜好设定，可能和你安装后看到的情况不一致，但所有的工具都可以通过"View"菜单下的子菜单"Toolbars"通过选择相应的项将其打开。

A 菜单栏

Multisim 菜单栏中包含 12 个主菜单，从左至右分别是 File(文件菜单)、Edit(编辑菜单)、View(窗口显示菜单)、Place(放置菜单)、MCU(微控制器的电路仿真和调试菜单)、Simulate(仿真菜单)、Transfer(文件输出菜单)、Tools(工具菜单)、Reports(报告菜单)、Options(选项菜单)、Window(窗口菜单)和 Help(帮助菜单)等。与所有 Windows 应用程序类似，在每个主菜单下都有一个下拉菜单，菜单中提供了软件中所有的功能命令。由于菜单中主要功能都可以工具栏的形式出现，在工具栏中用鼠标以快捷点击方式进行操作十分方便，只有少数不需要频繁操作的命令如"Option"、"Help"等需要通过菜单实现，故下面我们对工具栏做相对详细的介绍。

B 系统工具栏

系统工具栏包含了常用的基本功能按钮，如新建、打开、保存、打印、拷贝和粘贴等，与 Windows 的基本功能相同。

C 仿真工具栏

该工具栏放置的按钮主要用于仿真操作，诸如运行、暂停等。

D 主工具栏

主工具栏有 11 个快捷键按钮从左至右分别为：

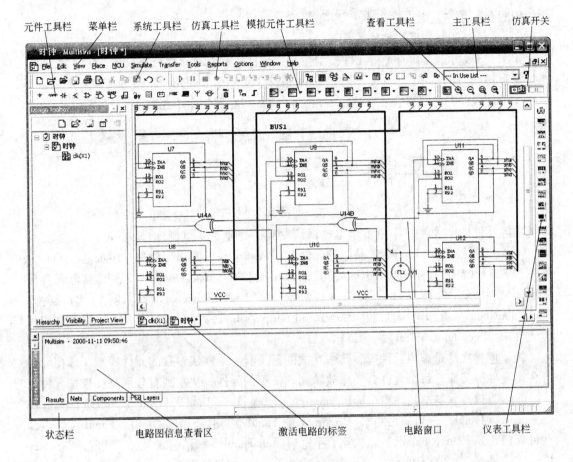

状态栏　　　　　　　电路图信息查看区　　　　　激活电路的标签　　　　　　　电路窗口　　　　　仪表工具栏

图 6-2　Multisim 基本界面

（1）设计文件夹按钮：显示或隐藏设计文件夹，即电路窗口左侧区域。

（2）电路信息查看按钮：显示或隐藏电路信息查看区。

（3）数据库管理按钮：打开数据库管理器。

（4）创建元件按钮：打开创建元件对话框，新建元件支持利用 VHDL 和 Verilog＿HDL 创建元件。

（5）分析按钮：用以选择要进行的分析，其中包括直流工作点分析（DC Operating Point...）、交流分析（AC Frequency Analysis...）、暂态分析（Transient Analysis...）、傅立叶分析（Fourier Analysis...）、噪声分析（Noise Analysis...）、失真分析（Distortion A-nalysis...）、直流扫描分析（DC Sweep...）…等，可以根据需要选定。

（6）后处理按钮：用于对仿真结果进行再处理。

（7）电规则检查按钮：打开电规则检查对话框，进行电规则检查并把结果进行输出。

（8）屏幕区域截图：打开电路窗口截图操作，可以方便地截取电路图。

（9）回到主图按钮：一个设计往往包括很多子设计电路，此按钮可帮助我们在查看完子电路图后快速回到主电路图的设计界面。

（10）传输按钮（最后两个按钮）：用以与 Ultiboard 进行通信。

（11）使用中元件列表（In Use List）：它不是按钮，点击下拉菜单可以列出当前电路所使用的全部元件，以供检查或重复调用。

E　元件工具栏、模拟元件工具栏

如图6-3所示，Multisim将元件模型按虚拟元件库和实际元件分类放置。

没有衬底的是实际元件库，其中存放的是符合实际标准的元件，通常在市场上可以买到。为了使设计的电路符合实际情况，应该尽量从实际元件库中选取元件。

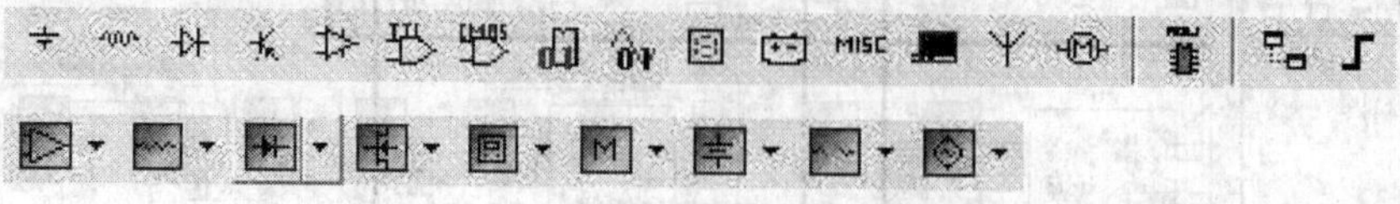

图6-3　元件和模拟元件工具栏

实际元件库中放置了各种实际元件，从左到右分别是：电源库(Sources)、基本元件库(Basic)、二极管库(Diode)、晶体管元件库(Transistor)、模拟元件库(Analog)、TTL元件库(TTL)、CMOS元件库(CMOS)、其他数字元件库(Misc Digital)、数模混合元件库(Mixed)、指示元件库(Indicator)、电源元件库(Power Component)、其他类型元件库(Miscellaneous)、高级外围器件库(Advanced peripherals)、射频元件库(RF)、电磁和机械类元件库(Electromechanical)。

带蓝色衬底的是虚拟元件库，其中存放的是具有一个默认参数的元件模型，虚拟元件分9个元件分类库，每个元件分类库放置同一类型的元件，从左到右分别是：模拟元件库(Analog Family)、基本元件库(Basic Family)、二极管库(Diodes Family)、晶体管元件库(Transistors Family)、测量元件库(Measurement Family)、混合元件库(Misc Family)、电源元件库(Power Source Family)、额定元件库(Rated Family)和信号源元件库(Signal Source Family)。选取这样的元件后，对其双击可以进行元件的参数设置。

F　查看工具栏

查看工具栏主要用于操作电路窗口，对其进行放大、缩小或某个操作区域的放大和缩小等操作，以便于对电路进行绘制和检查。

G　仿真开关

仿真开关等同于仿真命令"RUN"，可以用鼠标点击打开，也可以直接按"F5"激活，相当于电路接好后接通电源。

H　状态栏

显示软件的工作情况，如当前操作以及鼠标所指条目的有用信息等。

I　电路信息查看区

此窗口可以通过选择标签显示仿真结果、网络信息、器件信息和PCB层信息。

J　激活电路标签

处于电路窗口下方，在一个设计有多张电路图纸时，点击不同的标签可以激活不同的电路编辑窗口。

K　电路窗口

电路窗口即电路图的编辑窗口。

L　仪器工具栏

Multisim的仪器库较其早期版本有较大增加和完善，提供了大量的虚拟仪器，这些仪

166

器适用于不同模拟和数字电路。使用时只需点击仪器库中该仪器图标，拖动放置在相应位置即可，对图标双击可以得到该仪器的控制面板，此外 Multisim 还提供了世界著名的两家仪器公司 Agilent 和 Tektronix 的多款仪器，有的甚至能以"真实形象"的用户界面供用户使用。尽管虚拟仪器的基本操作与现实仪器非常相似，但仍存在一定的区别。

6.2.2　Multisim 帮助信息的使用

Multisim 帮助菜单提供的帮助信息与其他软件大致相同，这里就不再冗述了。在这里值得一提的是软件的即时帮助功能，它把器件模型与实际器件的基本特性介绍作了关联，这非常有用。比如在设计中需要用到一个计数器，又知道可以用 74290，但不记得它各个管脚的功能了，这时可以这么做：首先点击 74290 让它处于选定状态（选中后外面显示虚线框），然后按下"F1"键这时会出现如图 6-4 所示的帮助信息，提示非常简洁、专业，这样一来，既方便了使用，又方便了学习。

74xx290（Decade Counter）

This device contains four master-slave flip-flops and additional gating to provide a divide-by-two counter and a three-stage binary counter for which the count cycle length is divide-by-five.

Decade counter truth table：

COUNT	QD	QC	QB	QA	R0(1)	R0(2)	R9(1)	R9(2)	QD	QC	QB	QA
0	0	0	0	0	1	1	0	×	0	0	0	0
1	0	0	0	1	1	1	×	0	0	0	0	0
2	0	0	1	0	×	×	1	1	1	0	0	1
3	0	0	1	1	×	0	×	0	COUNT			
4	0	1	0	0	0	×	0	×	COUNT			
5	0	1	0	1	0	×	×	0	COUNT			
6	0	1	1	0	×	0	0	×	COUNT			
7	0	1	1	1								
8	1	0	0	0								
9	1	0	0	1								

图 6-4　74290 功能帮助信息

6.2.3　Multisim 的右键菜单

由于软件是在 Windows 下使用的，支持鼠标右键操作，比如器件的旋转、特性修改、选定电路生成子图等等操作，利用好鼠标右键可以达到提高工作效率的目的。

6.3　实验电路的绘制与仿真（分析）

6.3.1　器件参数设置和交互式器件的使用

器件及虚拟器件的使用，是实现电路分析的一个关键，前述它们已经分成了不同的类，在软件中只要在相应的位置调用就可以了。模拟集成器件、数字集成器件和混合集成器件，除了运算放大器和显示器件以外都必须选用具体的实际器件。

A　器件参数设置

无论器件还是虚拟器件鼠标双击器件可以打开器件的属性设置选项，打开后的设置选项一般会停留在参数（Value）选项卡位置，这时输入你需要的参数，比如电阻、电容选定相应的阻值和容值等，"确定"退出就可以把器件参数设定为相应值。对二极管、三极管、场效应管等可以根据需要选择模拟器件，或选择实际具有一定型号的器件。为了得到尽可能准确的分析仿真结果，建议尽量使用确定型号的器件，当然如果你对器件不熟，也可以选模拟器件后把它的参数设置成需要的值进行使用。

其他选项卡还有标记（Label）设置、错误（Fault）设置、显示（Display）设置等，设计大型电路时，为了电路的易读性可以设置一下标记，即器件序号，比如电路用到多个电阻，可把他们分别标注为 R_1、R_2…等，至于其他的设置用默认值就可以了。

B　交互式器件的使用

图 6-5 列出了常用的交互式器件，交互式器件主要用于电路参数的调节和使电路具有可操作性，能够增加仿真的现场真实感。下面主要针对"可调器件"和"开关"说明其使用方法。

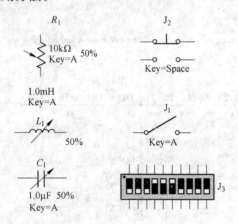

图 6-5　常用交互式器件

（1）可调电阻、电感和电容的 Value（参数）选项卡中有热键设置一项，一般有一个缺省值，在使用数量多于一个时，必须进行修改，否则没有办法单独操作，方法是删去原来键名，输入新的键名即可，它支持字母（a～z）及数字（0～9）。设置对话框中还有步长值的设置，缺省值为 5%，可调节范围为 1%～100%，指的是操作一次键值产生的递增和递减量。比如图 6-4 中的可调电阻，按照缺省值的设定，每按动一下热键"A"，电阻阻值增大 5%，若使用"Shift + R"，每按动一下，电阻阻值则减小 5%。可调电容和可调电感的处理方法与可调电阻是相同的。

（2）"开关"参数（Value）选项卡中只有操作热键的设置，按动它可以改变开关原有的状态，即可以让开关"断"或者"合"。设置方法与电阻一样，但使用中因器件不同会有所差异，比如图 6-5 中"J_2"，按一下键值，它的动作是向下闭合一下马上断开，即按钮操作，"J_1"则是按一下键值它闭合，再按一下键值才断开。

交互式器件除了利用热键操作还可以用鼠标进行操作，当把鼠标接近交互式器件时，你会发现：可调器件旁会出现滚动条，拖动可以调节数值；开关器件会点亮可动部分，点击可以改变其状态，应用起来也很方便。

6.3.2　仪器的使用

Multisim 提供的仿真仪器种类繁多，考虑到学习和一般应用，这里仅对常用仪器的使用进行介绍。

A　万用表（图 6-6）

可用于电压、电流、电阻和分贝值的测量。它有一个设置（Set…）项，可以进行电压电流挡内阻、欧姆挡电流和分贝值测量挡分贝值电平标准的设置。

B　信号发生器（图 6-7）

可作为信号源使用，它可以输出正弦波、三角波和方波，而且这些波形都可以做到频率、占空比、幅值和波形偏移量可调。

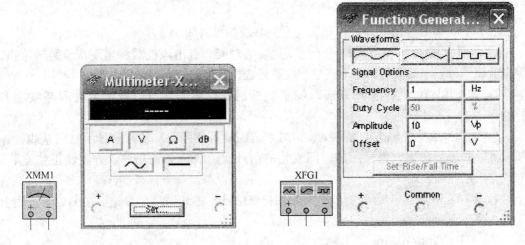

图 6-6　万用表　　　　　　　　　　图 6-7　信号发生器

C　示波器（图 6-8）

示波器是电子实验中使用最频繁的仪器之一，可用来观察信号波形，并可用来测量信号幅度、频率及周期等参数。

Multisim 提供的普通示波器与实际仪器一样，可以提供双踪显示，它有扫描时间

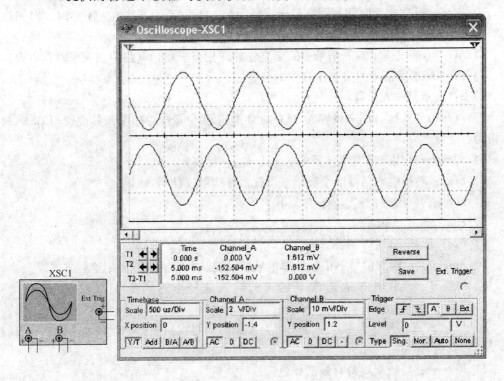

图 6-8　示波器

（Timebase）设定，X、Y 轴偏移量（X position、Y position）调节，电平（Level）调节，通道 A（Channel A）通道 B（Channel B）输入以及相应的幅值灵敏度（V/Div）调节。为了能清楚地观察，波形可以反色显示。

示波器的面板操作如下：

（1）Timebase 区用来设置 X 轴方向时间基线扫描时间。

1）Scale：选择 X 轴方向每一个刻度代表的时间。点击该栏后将出现调节翻转按钮，根据所测信号频率的高低，上下按翻转按钮可选择适当的值。

2）X position：表示 X 轴方向时间基线的起始位置，修改设置可使时间基线左右移动。

3）Y/T：表示 Y 轴方向显示 A、B 两通道的输入信号，X 轴方向显示时间基线，并按设置时间进行扫描。当显示随时间变化的信号波形（例如三角波、方波及正弦波等）时，常采用此种方式。

4）B/A：表示将 A 通道信号作为 X 轴扫描信号，将 B 通道信号施加在 Y 轴上。用于观察李萨育图形。

5）A/B：与 B/A 相反。

6）ADD：表示 X 轴按设置时间进行扫描，而 Y 轴方向显示 A、B 通道的输入信号之和。

（2）Channel A 区用来设置 Y 轴方向 A 通道输入信号的标度。

1）Scale：表示 Y 轴方向对 A 通道输入信号每格所表示的电压数值。点击该栏后将出现调节翻转按钮，根据所测信号电压的大小，上下按翻转按钮可选择适当的值。

2）Y position：表示时间基线在显示屏幕中的上下位置。当其值大于零时，时间基线在屏幕中线上侧，反之在下侧。

3）AC：屏幕仅显示输入信号中的交流分量（相当于实际电路中加入了隔直电容）。

4）DC：屏幕将信号的交直流分量进行叠加显示。

5）0：表示将输入信号对地短接。

（3）Channel B 区。用来设置 Y 轴方向 B 通道输入信号的标度，其设置与 Channel A 区相同。

（4）Trigger 区用来设置示波器的触发方式。

1）Edge：转换输入信号的上升沿或下降沿作为触发信号。

2）Level：用于选择触发电平的大小。

3）Sing：选择单脉冲触发。

4）Nor：选择一般脉冲触发。

5）Auto：表示触发信号不依赖外部信号。示波器一般情况下使用这种方式。

6）A 或 B：表示用 A 通道或 B 通道的输入信号作为同步 X 轴时基扫描的触发信号。

7）Ext：外部信号作为触发信号来同步 X 轴时间基线扫描。

（5）其他。

1）Reverse：可改变屏幕背景的颜色。

2）Save：存储数据。

170

D　波特图仪（图6-9）

波特图仪用于研究电路的频率特性。通过设置，在电路激活状态下，它可以研究电路的幅频特性（Magnitude）和相频特性（Phase）。图示仪上垂直（Vertical）调节，对于幅频特性调节的是增益坐标的起止点，对于相频特性调节的是相角坐标的起止点，而水平（Horizontal）调节则用于调节分析时频率的起止点。仪器的输入端（IN）应该接频率源，输出端（OUT）应该接被测量的输出信号。

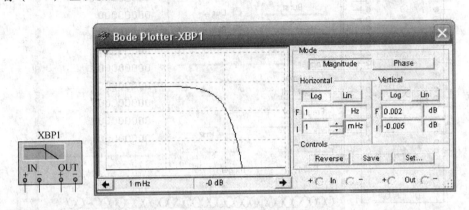

图6-9　波特图仪

波特图仪面板操作如下：

（1）Mode 区可切换要显示的曲线。

1）Magnitude：选择它显示屏里显示幅频特性曲线。

2）Phase：选择它显示屏里显示相频特性曲线。

（2）Horizontal 区确定波特图仪显示的 X 轴频率范围。

选择 Log，则标尺用 Logf 表示；若选用 Lin，即坐标标尺是线性的。当测量信号的频率范围较宽时，应用 Log 为标尺。

F 和 I 分别是频率的最终值（Final）和初始值（Initial）的缩写。为了清楚地显示某一频率范围的频率特性，可将 X 轴频率范围设定得小一些。

（3）Vertical 区设定波特图仪显示 Y 轴的刻度类型和范围。

测量幅频特性时，若点击 Log 按钮，Y 轴的刻度单位为 dB（分贝）；点击 Lin 按钮后，Y 轴是线性刻度。测量相频特性时，Y 轴坐标表示相位，单位是度，刻度是线性的。

F 栏用以设置 Y 轴最终值，I 栏用以设置 Y 轴初始值。

需要指出的是：若被测电路是无源网络（谐振电路除外），由于放大倍数的最大值是1，所以 Y 轴坐标的最终值应设置为 0dB，初始值为负值（ – dB）。对于含有放大环节的网络，放大倍数的值可大于1，最终值可设为正值（ + dB）。

（4）Controls 区。

1）Reverse：改变屏幕背景颜色。

2）Save：保存测量结果。

3）Set：设置扫描的分辨率，点击该按钮后，在 Resolution Points 栏中选定扫描的分辨率，数值越大读数精度越高，但将增加运行时间。

E 数码发生器（图6-10）

数码发生器可以产生数码供电路测试使用。

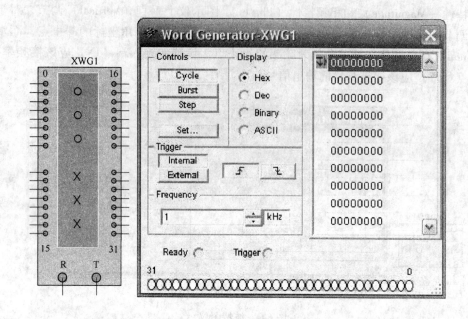

图6-10　数码发生器

数码发生器面板操作如下：

（1）数码编辑区域。位于数码发生器右侧。可以编辑十六进制码、十进制码、二进制码和ASCII码供32个输出端对数码进行输出。也可以根据设定进行数码的输出，具体内容参看下文"Controls"区功能。

（2）Controls区。

1）Cycle：从首到末往复循环输出设定数码。

2）Burst：从首到末顺序一次性输出设定数码。

3）Step：单步输出设定数码。

4）Set...：打开设定数码对话框，打开后有如下内容：

① Pre-set patterns

No Change：不作改变。

Load：调用存储文件在数码编辑区写入的数码。

Save：把数码编辑区的数码写入到文件。

Clear buffer：清除数码编辑区的数码。

UP counter：指定范围内在数码编辑区写入加计数排列数码。

Down counter：指定范围内在数码编辑区写入减计数排列数码。

Shift right：指定范围内在数码编辑区写入数码使输出"1"右移位。

Shift left：指定范围内在数码编辑区写入数码使输出"1"左移位。

② Display Type：指定数码编辑区数码的显示方式是十六进制还是十进制。

③ Buffer Size：设定使用数码的范围。

172

（3）Trigger 设置。

1）Internal：内部时钟触发。

2）External：外部时钟触发。当触发方式选择为 External 时，Trigger（对应仪器上 T）端应外接触发信号激励数码运行，实验电路中可用信号发生器产生外部触发信号。

3）右边按钮设定上升沿触发和下降沿触发。

（4）Frequency 设置。可调整内部触发时钟的频率，在电路激活后，可直观体现为数码走动的速度。

（5）数码输出端和 ready 输出端。

1）0～31：数据编辑区的数码在此实现输出。

2）ready：每产生输出一个数码，该端送出一个脉冲，用于监测数据输出的情况。

F 逻辑分析仪（图 6-11）

逻辑分析仪可以同时显示 16 路数字信号。一般设置一下扫描基准（Clocks per division）就可以很好地观察波形了，对于分析大量的数字信号非常有用。

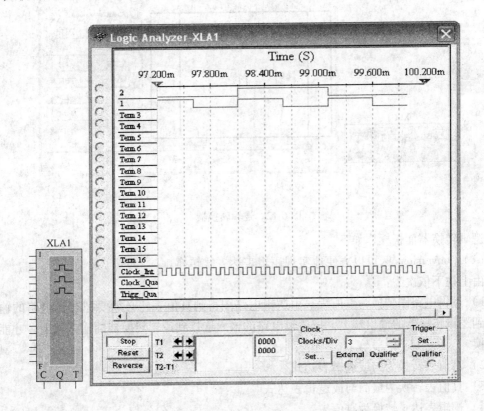

图 6-11 逻辑分析仪

逻辑分析仪面板操作如下：

（1）Clock 区。

1）Clock/Div：选择 X 轴方向扫描时间，改变数值可以使波形显示合理。

2）Set...：进入对话框后，可以进行触发方式、内部触发脉冲频率和脉冲触发取样等设置。

3) External：外接时钟端，对应仪器上 C 端。

4) Qualifier：时钟限制，对应仪器上 Q 端。

（2）trigger 区。

1) Set...：进入后可以进行触发边沿和触发模式设置，Trigger Patterns（触发模式）设置中可以把模式定义成 A、B、C 三种，Trigger Combination（触发组合）下有 21 种触发组合可以选择。

2) Qualifier：触发限制，对应仪器上 T 端。

G 逻辑转换器（图 6-12）

用于真值表、逻辑函数表达式和逻辑电路图之间的相互转换，比较有用的是它还可以进行逻辑函数表达式的化简，可以很方便地实现一般组合逻辑电路的设计。

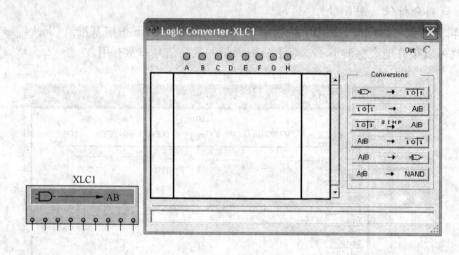

图 6-12 逻辑转换器

逻辑转换器面板操作如下：

（1）Conversions 区可以方便地实现逻辑表达方式转换。

由上往下依次为：

1) 逻辑电路图转换为真值表。由逻辑电路图得到真值表，必须要把逻辑电路的输出连接到逻辑转换器的输出端上，把逻辑电路的输入连接到逻辑转换器的输入端上，才能实现转换。

2) 真值表转换为与或逻辑表达式。

3) 真值表转换为最简与或逻辑表达式。

4) 逻辑表达式转换为真值表。

5) 逻辑表达式转换为逻辑电路。

6) 逻辑表达式转换为与非门结构电路。

（2）真值表输入区为图 6-12 中部空白位置。可以根据选定的变量（点击 A ~ H 即可）设置真值表规模，并编辑输出函数值。真值表形成后输出显示"?"，点击"?"可使之变成"0"、"1"或"X"，即设定输出函数值。

（3）逻辑表达式输入区为底部可编辑工作区域。

逻辑代数表达式的输入只需按逻辑运算的规则在表达式编辑窗口中进行就可以了，但由于输入方式的限制 $\overline{A}$ 只能以 A' 形式出现。

6.3.3 绘制电路图和实现仿真

为了能够直观了解绘图方法，下面用一个实例来加以说明。假设一个分压式偏置单管放大电路，如图 6-13 所示。

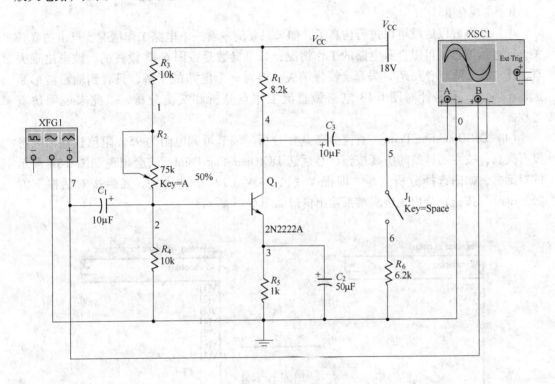

图 6-13　单管放大

A　绘制电路图

（1）放置器件。在相应的器件库中找到相应的器件，用鼠标双击（虚拟器件点击），器件会粘在鼠标上，拖到电路窗口区域点击鼠标左键放好即可。

图 6-13 已包括电路分析所需要的仪器了，放置的方法与器件一样，若不知如何使用各接线端，可以双击仪器放大它，看接线端子旁的文字标注，或者看相应的在线帮助。

（2）调整器件姿态。方法是让器件处于选定状态（点击一下器件，器件周围显示虚线框为选定状态；点击空白位置，可取消器件被选定的状态。若选定多个器件，可用鼠标按住左键画一个框，与框关联的器件将被选定，或者还可以按住"Shift"用鼠标点击器件，被点击的器件将被选中），然后点击鼠标右键出现右键菜单，选择相应操作可实现器件的翻转和旋转。

（3）移动器件。若有被选定的器件，按键盘上的←↑↓→键可实现器件的移动；或者还可以直接用鼠标（点击并按住鼠标左键）拖动也可达到目的。

（4）连线。器件放置调整完毕后，连线很简单。只需用鼠标箭头靠近器件管脚，若出现黑点，点鼠标左键，即可拖出连线，这时拖动它靠上要连接器件的管脚，当再次出现黑点时再次点击鼠标左键，这时可以看到你想要的连线已经出现在相应的管脚之间了，而且它会自动绕开中间的器件。如果需要让线按自己的想法进行转折，可以在转折点处点击鼠标，线会在点击处转折然后再按一定方向往下连线。

以上是绘制原理图的基本操作，依靠这些你可以把用于实验的单管放大电路的框架搭好，但这个框架并不是具有实际意义的电路，因为所有的器件参数都是初始值，这样的电路是无法工作的，需要按前述方法对器件的值和编号进行修改。

B 实现仿真

电路绘制好以后就可以进行仿真了，如果只要简单看一下电路工作情况，点击仿真开关，通过示波器就可以查看电路的工作情况，如果参数是按图 6-13 设置的，波形出现失真，按"A"调节增大 R_2，失真会慢慢消失。但对一个电路的了解，只看到输出波形是远远不够的，下面针对图 6-13 电路做直流工作点分析和交流分析，以此来说明仿真过程。

（1）DC Operating Point（直流静态点）分析。调节可调电阻为 95% 阻值让输出波形没有失真，按主工具条的仿真按钮，然后选 DC Operating Point...，会出现如图 6-14 所示的对话框，如图选择分析变量，即把 V（1）～V（7）全选进去，然后按对话框下方"Simulate"按钮，会出现仿真结果输出窗口如图 6-15 所示。

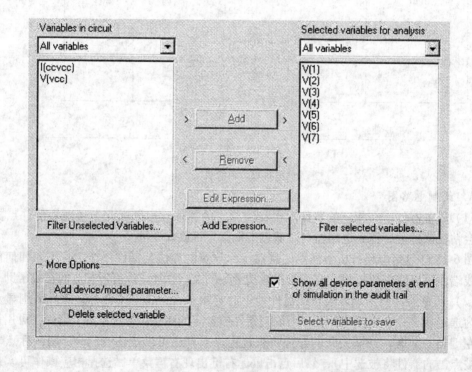

图 6-14　直流点分析设置对话框

（2）AC Frequency Analysis...（交流）分析。按主工具条的仿真按钮，然后选 AC Frequency...，会出现如图 6-14 一样的对话框，选择分析变量 V(5)，即观察输出情况。

不退出对话框选 Frequency Parameters 标签设置频率参数。设置初始频率 1Hz，结束频率 50kHz，使用对数坐标，然后按 Simulate 看输出幅频特性和相频特性如图 6-16 所示。

其实图 6-16 结果和使用波特图仪在相同设置条件下产生的输出结果是一样的，只是输出方式不同而已。其实在仿真输出窗口下不是只能显示当时仿真得出的结果，它保存了所有之前做过的仿真结果，只要选择不同的标签就可以观看。如果你是一步一步按书上内容做的话，在仿真输出窗口下还会有 DC Operating Point、Oscilloscope XSC1 等标签，选择不同的标签，可以看到不同分析得出的结果。

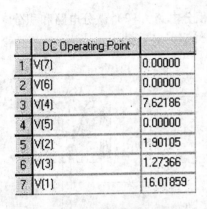

	DC Operating Point	
1	V[7]	0.00000
2	V[6]	0.00000
3	V[4]	7.62186
4	V[5]	0.00000
5	V[2]	1.90105
6	V[3]	1.27366
7	V[1]	16.01859

图 6-15　直流点输出结果

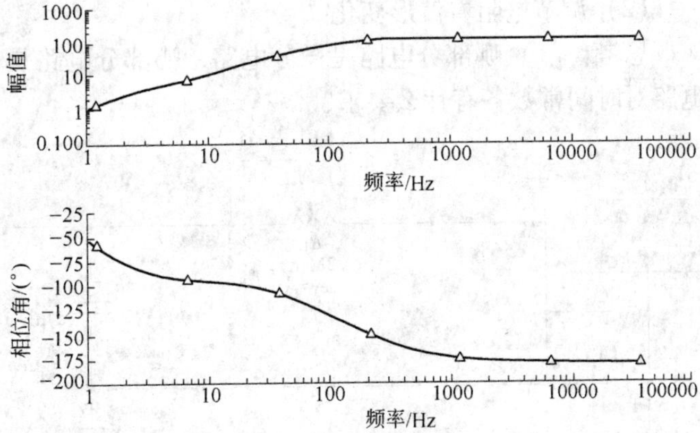

图 6-16　交流分析输出结果

6.4　实验仿真

6.4.1　模拟部分实验

A　直流稳压电源，要求输出稳压值为 10V

（1）按图 6-17 接线，用 15V 交流电源模拟变压器副边输出，按图 6-17 调节相关器件的参数。

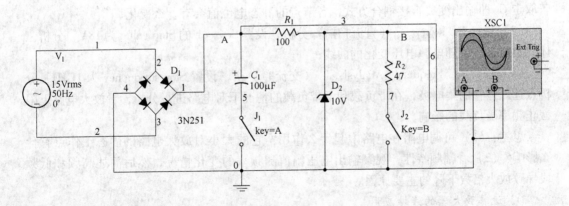

图 6-17　直流稳压电源

（2）在开关 J_1、J_2 断开的情况下，用示波器观察 A、B 两点的波形；

（3）在开关 J_1 闭合、J_2 断开的情况下，再用示波器观察 A、B 两点的波形，并与上一种情况进行比较；

177

（4）再闭合 J_2，观察电路带上负载以后 A、B 两点的波形。

思考：在不同的开关状态下 A、B 波形为何有的会变，有的不变，分析原因。

B　无源微积分电路（图6-18）

（1）信号发生器输入 1Hz、2V 的方波信号，调节示波器扫描时间及幅值灵敏度看到波形；

（2）调节电阻看波形变化。

思考：（1）哪部分电路是微分电路，哪部分电路是积分电路？（2）微分电路和积分电路对时间常数各有什么要求？

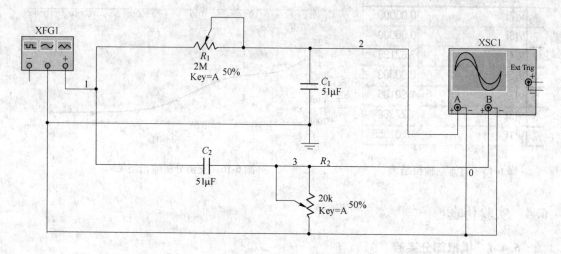

图6-18　无源微积分电路

C　单管放大电路的分析

（1）利用图6-13 的放大电路，调节可调电阻为95%阻值，进行 DC Operating Point...（直流静态点）分析，比较带负载和不带负载时（通过 J_1 实现）各节点的静态电位值。若取走 C_3 即输出变成直接耦合方式，各节点的静态电位值会有什么变化；

（2）进行 DC sweep...（直流扫描）分析，设置 Source1 的 Stop value 为 18V，分析三体管集电极电位随电源电压变化的曲线；

（3）进行 AC Frequency Analysis...（交流）分析，设置 Stop Frequency 为 1GHz，分析点选三体管的集电极，在带负载和不带负载的情况下对电路进行分析，看放大电路上限截止频率受负载的影响。

思考：（1）可调电阻在电路中起什么作用？它的大小对放大电路的静态工作点有什么影响？（2）看幅频特性，观察输出电压幅值随频率的变化情况，然后简述高频和低频段导致放大倍数下降的主要原因。

D　运算放大器的线性应用

选择三端运算放大器（型号选用 LM324）自拟电路完成以下实验（自行设定输入数据并验证测试结果的合理性）。

可以先仿照图6-19 进行反相比例器的实验，用直流电压源作为输入，电压值可根据实验情况随意设定，输出用电压表进行测量。实验中要特别注意与实际应用的贴切性，比如电路中平衡电阻的连接，不合理的输入会造成饱和输出等。

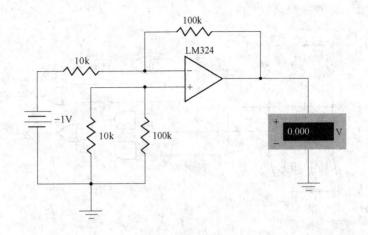

图 6-19　反相比例器

（1）反相输入方式：比例器、加法器、微分器、积分器。

（2）同相输入方式：比例器、跟随器、加法器。

（3）差动输入方式：减法器。

E　运算放大器的非线性应用

选择五端运算放大器（型号用 741）
完成以下实验：

（1）构成迟滞比较器（电路可参照图
6-20），输入一个正弦波，用示波器看输入
及输出的波形。

（2）自行设计加入充放电回路（充放
电参数可参考选择 $R=10\text{k}\Omega$，$C=0.1\mu\text{F}$），
把迟滞比较器改造成方波发生器，用示波
器看输出的波形。

（3）自行设计在方波发生器后加一级
反相积分器实现波形变换（积分参数可参
考选择 $R=8.2\text{k}\Omega$，$C=0.1\mu\text{F}$），加上积分
器后观察输出波形。

（4）自行设计在方波发生器后加一级

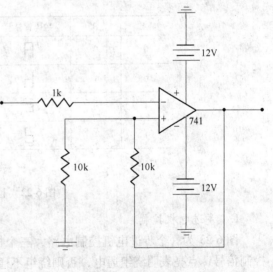

图 6-20　迟滞比较器

反相微分器实现波形变换（微分参数可参考选择 $R=1\text{k}\Omega$，$C=0.01\mu\text{F}$），加上微分器后
观察输出波形。

6.4.2　数字部分实验

A　全加器

（1）画电路并进行仿真，理解其工作原理；

（2）体会如何利用电源、电阻、开关组成高低电平开关并进行实验模拟；

（3）体会指示探针（有不同颜色）的使用。

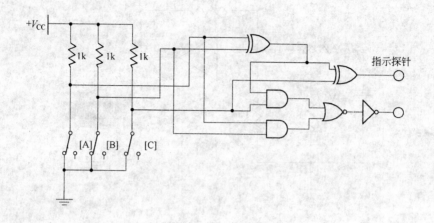

图 6-21　全加器

B　译码器

利用基本门电路实现译码，让七段数码管产生如下表所示的显示，数码管结构如图 6-22 所示，建议译码电路的设计用逻辑转换器完成。

A	B	数码管显示
0	0	A
0	1	b
1	0	C
1	1	d

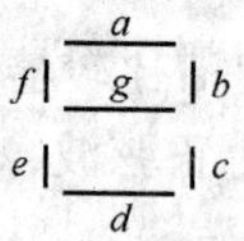

图 6-22　七段数码管

C　步进电机控制

图 6-23 为一个步进电机控制电路，三个指示探针分别用于指示送到步进电机绕组的控制信号，点亮表明绕组通电，否则绕组不通电。

（1）画电路并进行仿真；

（2）分析电路的工作原理，包括各开关的作用（注意图中"TD"用的是一个延时开关，电路激活后闭合，经过延时复位后断开，延时时间可以调节）。

D　移位寄存器

图 6-24 中有两个移位电路。a 为自启动"1"循环右移位电路，核心是由 D 触发器构成的右移位寄存器，电路激活后可完成"1"右循环移位。b 为手启动"1"往复循环移位电路，核心是集成双向移位寄存器 74194，电路中"[Space]"是复位开关，"[A]"是电路的启动开关，电路激活后经过复位、启动，电路可完成"1"的"右行…→到最右→左行…→到最左→右行…"循环移位。

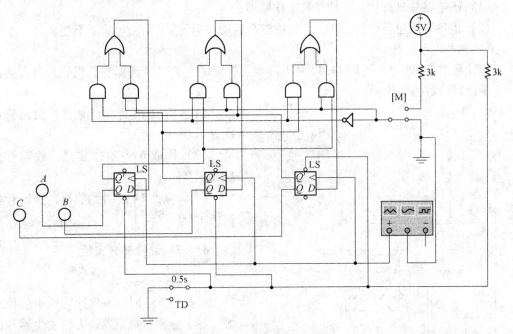

图 6-23　步进电机的控制

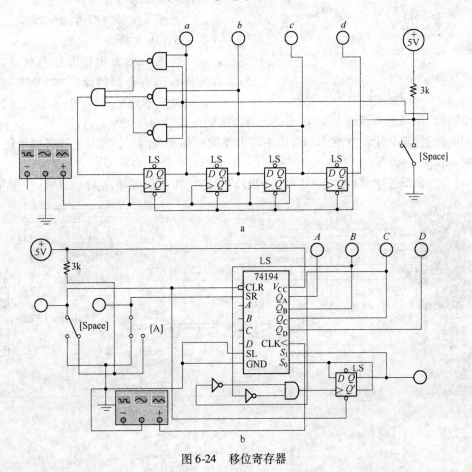

a

b

图 6-24　移位寄存器

（1）画电路并进行仿真，理解其工作原理；

（2）借鉴 a 图思路修改 b 图，让它能够自启动，但"1"的循环功能不变。

E　74290 的应用

用计数器 74290、译码器 74248 和七段数码管完成实验（译码器和数码管也可直接由一个带译码的数码管代替）。

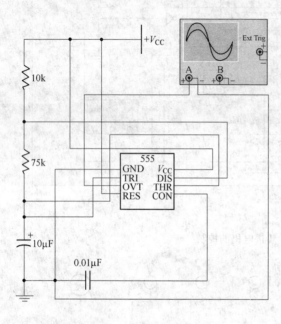

图 6-25　方波发生器

（1）构成 10 进制计数器，数码管依次显示 0～9；

（2）构成 6 进制计数器，数码管依次显示 0～6；

（3）构成 24 进制计数器，数码管依次显示 00～23。

6.4.3　混合部分实验

A　555 时基电路

自拟用 555 时，基电路构成单的稳态触发器、施密特触发器、方波发生器和占空比可调的方波发生器。

方波发生器可参考图 6-25。

B　D/A 转换

按图 6-26 画电路并进行仿真，数模转换器选混合器件库中"VDAC"，设置数码发生器产生 00～FF（十六进制）的

数码输出，用示波器观测 DAC 的输出，看与数码变化的对应关系。

用编码柱形显示器（显示器件库中可以找到）辅助观测，设置其整体开通电压（Full Scale voltage）为 5V。

注意：数码发生器要产生 00～FF 的数码递增，在数码发生器的 Controls 设置里必须

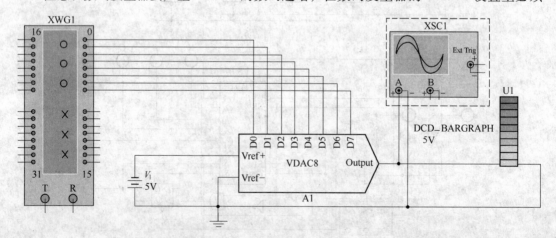

图 6-26　D/A 转换实验电路

把计数范围选为 100（H）。

  C A/D 转换

  按图 6-27 画电路并进行仿真（器件在混合器件库中选），用可调电阻对 ±10V 的电压进行取样，用电压表进行监测，观察输出数码与输入模拟量的对应关系。

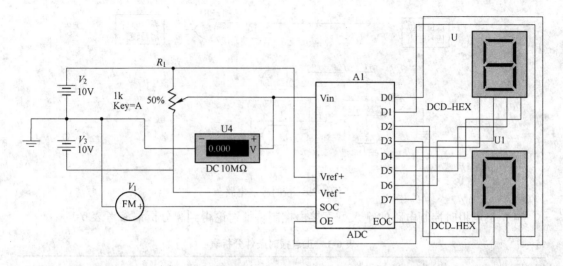

图 6-27 A/D 转换实验电路

6.4.4 设计

  A 报时钟

  （1）要求：

  1）电路要有时、分、秒计数显示，其中"时"为 24 进制走时显示，"分"和"秒"为 60 进制走时显示；

  2）时钟的校对要求可以对"时"计数和"分"计数进行单独的调整；

  3）能够进行正点报时，要求到达正点前 6s 开始报时，报时结束刚好到达正点，报时声音的前 5 响与最后 1 响要有所区别。

  （2）思路及提示：

  1）结构框图参考图 6-28。

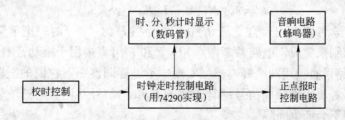

图 6-28 报时钟结构框图

  2）走时控制电路由 74290 实现。利用反馈置零法，把时、分、秒计数接成相应进制，计数输出（结果）送至显示电路。

3）校时控制电路可参照图 6-29，平时点动开关 S 置于下侧，进位信号可正常由低位送到高位；连续按点动开关 S，可手动向高位送出脉冲控制高位计时，起到校时目的。图中点动开关 S 与两个"与非"门构成的防抖动开关可防止"校时"时计数连续跳动（仿真中不会发生抖动问题，"与非"门构成的这部分电路也可不要）。

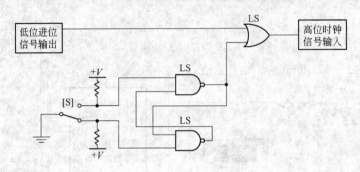

图 6-29　校时控制电路

4）正点报时控制电路的输入可直接由控制特征讨论得到。分析请参考表 6-1。

表 6-1　正点报时条件分析表

分		秒						
十位	个位	十位	个位					
M_{HDCBA}	M_{LDCBA}	S_{HDCBA}	S_{LDCBA}					
5	9	5	4	5	6	7	8	9
0101	1001	0101	0100	0101	0110	0111	1000	1001

表中 M_H 代表"分"计数高位，M_L 代表"分"计数低位，S_H 代表"秒"计数高位，S_L 代表"秒"计数低位，下标中的 DCBA 分别代表计数位的四位 8421BCD 码输出。

令正点报时输出为 F，则报时条件为 A 和 B 两个，其中 A 为计时满足 59min50s 时的条件，按表 6-1 中对应时刻，$A = M_{HC}M_{HA}M_{LD}M_{LA}S_{HC}S_{HA}$；B 为从 4～9s 计数时的条件，利用秒个位码的特征简单化简可得 $B = S_{LD} + S_{LC}$。最后有 $F = AB$。

另外，由于要求最后一次报时的声音要有所区别，所以还要列出最后一次报时（59min59s）的条件，令其为 F′，不难分析应该为：

$$F' = M_{HC}M_{HA}M_{LD}M_{LA}S_{HC}S_{HA}S_{LD}S_{LA}$$

由最小项概念可知 F′已经包含于 F 中了，要在 F′为"1"时，把 F 阻断，可以利用非门加与门的控制来完成，电路参考图 6-30。F 和 F′可直接用于推动音响电路进行报时。

5）音响电路可直接用两个蜂鸣器去实现，不过要调整一下它们的振荡频率让其发出不同的声响；再者要用秒脉冲信号结合前述的 F 和 F′信号共同去对蜂鸣器进行控制，否则报时声音间将不会产生间隔。

B　抢答器

（1）要求：

1）可供三组选手参赛；

2）抢答要有锁定功能，即最先抢答的一组有效，其他滞后的抢答无效；

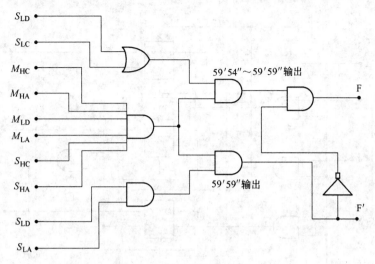

图 6-30　正点报时控制电路

3）要设有抢答复位，以供抢答前做准备使用；

4）要有抢答提示，提示应包括灯光显示、组别显示及警示音；

5）要有记分系统，记分应可加可减，而且记分的加减应只对抢答方有效。

（2）思路及提示：

1）参考结构框图如图 6-31 所示。

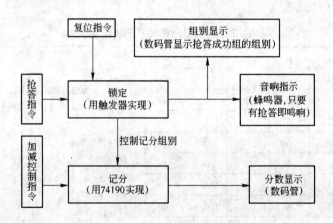

图 6-31　抢答器结构框图

2）抢答锁定功能可由触发器完成，因为它有记忆功能，所以它存储的抢答信息又可以用于去推动组别显示和警示音。

抢答信息锁定电路主要功能是接受抢答指令，存储并锁定抢答信息。锁定功能是通过对输出的反馈实现的，如图 6-32 所示，只要有任意一路有抢答指令送入，推动相应的触发器翻转，与非门 e 即输出为"0"，此信号可控制锁定输入的三个与非门 a、b、c 输出恒为"0"，再有抢答信号就不能送入了（思考：抢答输入初始值应该为"0"还是"1"?）。

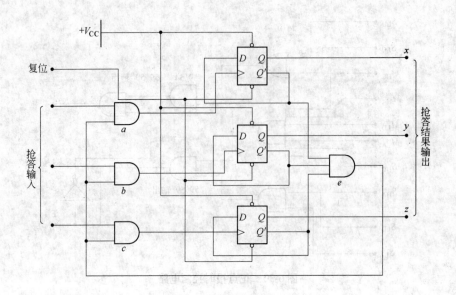

图 6-32 抢答信息锁定电路

锁定的抢答信息又可以去完成四个工作，一是推动点亮各抢答组的指示灯；二是通过译码推动组别显示，组别显示可由带译码的数码管完成，译码及分析结果可参照表 6-2；三是用于推动音响电路，警示有抢答；四是开通有效抢答组的计数脉冲输入，可以在需要时对其进行计分（加或减）。

表 6-2 组别显示译码及分析结果表

x	y	z	D	C	B	A
0	0	0	0	0	0	0
0	0	1	0	0	1	1
0	1	0	0	0	1	0
0	1	1	ϕ	ϕ	ϕ	ϕ
1	0	0	0	0	0	1
1	0	1	ϕ	ϕ	ϕ	ϕ
1	1	0	ϕ	ϕ	ϕ	ϕ
1	1	1	ϕ	ϕ	ϕ	ϕ

x、y、z 为抢答锁定电路的三位输出

D、C、B、A 为带译码数码管的四位 8421BCD 码输入

经分析化简有：

$D = C = 0$

$B = y + z$

$A = x + z$

3）记分电路要求有加有减，可用加减计数器 74190 实现。

C 红绿灯

（1）要求：

1）设计控制电路，能自动控制十字路口的红绿灯交替变化；

2）红灯和绿灯点亮的时间（两位秒计数）要能够进行调整，红灯与绿灯交替的时间可设定为两秒，此时黄灯点亮；

3）要能够手动变换点亮的灯。

（2）思路及提示：

1）参考结构框图如图 6-33 所示。

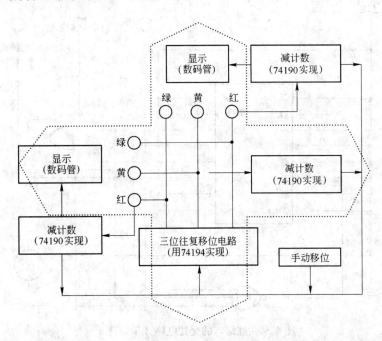

图 6-33　红绿灯控制结构框图

2）74194 输出用于点亮红、黄、绿灯和控制灯点亮同时进行的倒计数。倒计数及灯点亮时间的设置可由 74190 完成，手动脉冲和 74190 的进位输出脉冲又可用于去激励 74194 进行移位。如此往复形成了红绿灯的循环点亮控制。

3）红绿灯的交替电路可按以下两种方法设计。

（3）单循环方式：

电路参考如图 6-34 所示，74194 采用右行移位方式（$S_1 = 0$，$S_0 = 1$），SR 作串行输入，电路设计成自启动方式，启动后电路实现数码"1" $Q_A \to Q_B \to Q_C \to Q_D \to Q_A$ 依次右移，再利用 Q_A 推动红灯，Q_B 和 Q_D 推动黄灯，Q_C 推动绿灯，可把四位单循环移位模拟成三位往复循环移位，即实现了红、黄、绿灯的依次往复点亮。由表 6-3 可得：

$$D_A = \overline{Q_A}\ \overline{Q_B}\ \overline{Q_C}\ \overline{Q_D} + \overline{Q_A}\ \overline{Q_B}\ \overline{Q_C}\ Q_D = \overline{Q_A}\ \overline{Q_B}\ \overline{Q_C} = \overline{Q_A + Q_B + Q_C}$$

$$D_B = Q_A、D_C = Q_B、D_D = Q_C \quad （74194 内部已实现）$$

表 6-3　单循环计数电路设计

| 时钟 | 原　态 | | | | 次　态 | | | | 驱 动 端 | | | |
CP	Q_A	Q_B	Q_C	Q_D	Q_A	Q_B	Q_C	Q_D	D_A	D_B	D_C	D_D
0	0	0	0	0	1	0	0	0	1	0	0	0
1	1	0	0	0	0	1	0	0	0	1	0	0
2	0	1	0	0	0	0	1	0	0	0	1	0
3	0	0	1	0	0	0	0	1	0	0	0	1
4	0	0	0	1	1	0	0	0	1	0	0	0

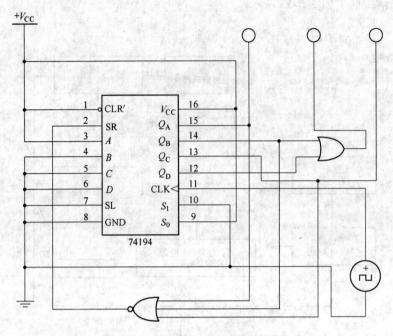

图6-34 红绿灯的交替电路（单循环）

（4）往复循环方式：可参考74194构成四位往复循环电路。

利用74194直接把电路设计成往复循环方式，电路参考如图6-35所示。往复循环计数电路的设计采用同步方式，使用D触发器控制74194的左右移位。注意设计中要改成三位。

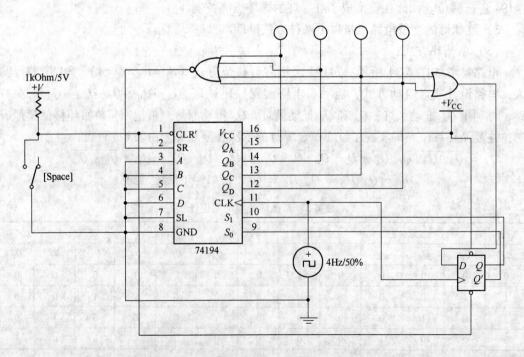

图6-35 红绿灯的交替参考电路（往复循环）

（5）D 触发器 $\dfrac{Q \to S_1}{\overline{Q} \to S_0}$，即触发器"0"态 194 右移。

（6）74194 与 D 触发器的 $\overline{R}_D$ 端并接连置零信号，作启动使用。

（7）S_L 作接地处理，以便在左行移位时给低位补零。

参考表 6-4，在考虑无关项情况下，利用卡诺图化简可得到如表 6-5 所示的结果。

表 6-4　往复循环计数电路设计

CLK	Q_A	Q_B	Q_C	Q_D	Q（D 触发器输出）	S_R	D
0	0	0	0	0	0（右移）	1	0
1	1	0	0	0	0（右移）	0	0
2	0	1	0	0	0（右移）	0	0
3	0	0	1	0	0（右移）	0	1
4	0	0	0	1	1（左移）	0	0
5	0	0	1	0	1（左移）	0	1
6	0	1	0	0	1（左移）	0	0
7	1	0	0	0	0（右移）	0	0

表 6-5　卡诺图化简

$Q_A Q_B \backslash Q_C Q_D Q$	S_R								D							
	000	001	011	010	110	111	101	100	000	001	011	010	110	111	101	100
00	1	φ	0	φ	φ	φ	0	0	0	φ	1	φ	φ	φ	1	1
01	0	0	φ	φ	φ	φ	φ	φ	0	0	φ	φ	φ	φ	φ	φ
11	φ	φ	φ	φ	φ	φ	φ	φ	φ	φ	φ	φ	φ	φ	φ	φ
10	0	φ	φ	φ	φ	φ	φ	0	0	φ	φ	φ	φ	φ	φ	φ

$$S_R = \overline{Q_A}\ \overline{Q_B}\ \overline{Q_C}\ \overline{Q_D} = \overline{Q_A + Q_B + Q_C + Q_D} \qquad D = Q_C + Q_D$$

D　密码锁

（1）要求：

1）采用三位二进制数密码，密码的输入为串行方式，按启动键启动开锁程序，送入三位二进制密码，若密码正确，按开锁键可以给出正确的开锁信号；

2）按启动键启动开锁程序，送入的三位二进制密码不正确，多输或少输密码，按开锁键应产生报警，锁不能被打开；

3）不按启动键或按了启动键不输入密码，直接按开锁键应产生报警，并且锁不能被打开；

4）开锁后，若再按下启动键或再任意送入一位串行密码，应能破坏解锁状态，使密码锁重新处于锁定状态，即完成上锁功能。

（2）思路及提示：

1）参考结构框图如图 6-36 所示。

2）密码锁的开锁及报警信号可以由基本 RS 触发器给出，状态分析参考表 6-6，基本

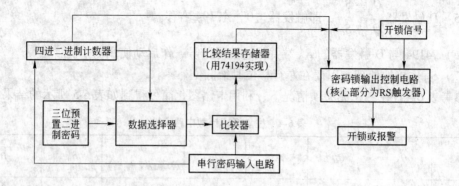

图 6-36　密码锁结构框图

RS 触发器可以合理提供输出的三种状态。电路参考图 6-37。

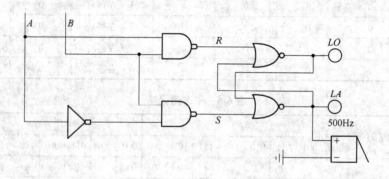

图 6-37　密码锁输出控制电路

表 6-6　输出状态分析

A	B	R	S	LO	LA	A 为密码送入信号（正确为"1"，否则为"0"），B 为开锁键操作信号（有操作为"1"，无操作为"0"）。输出 LO 为开锁信号、LA 为报警信号
0	0	1	1	0	0	没有操作，LO 和 LA 为初态，既不开锁也不报警
0	1	1	0	0	1	送入密码不正常（错误、多送和少送），发生开锁操作，报警
1	1	0	1	1	0	送入密码正常，发生开锁操作，开锁
1	0	1	1	0	0	送入密码正常，未发生开锁操作，锁维持原态

注：A 作为密码送入信号，为达到设计要求，它应综合由比较结果存储器送出的信号和四位二进制计数器送出的进位信号，即这两个信号皆满足条件时，它才能送出高电平。

3）密码送入为串行方式，送入密码进行比较时还要求由密码输入电路送出一个脉冲，该脉冲要用于推动四位二进制计数器计数一次（计数器的模由输入密码位数决定），以便在本次比较结束后让数据选择器选择下一个预置密码；同时还要让比较结果存储器移位一次，把本次比较结果送入比较结果存储器。比较结束后，若密码送入正确，比较结果存储器使用到的各位应全为"1"，再结合计数器进位信号（用于对多输和少输密码进行控制）和开锁操作信号可控制密码锁输出控制电路。相应电路的参考设计图如图 6-38 所示。

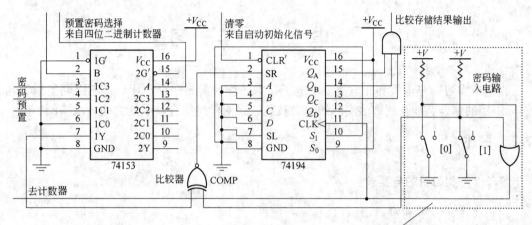

图 6-38　串行输入和比较存储电路

以上密码锁实际只是一个概念上的东西，因为用三位二进制数做密码，显然保密性是不够的，如果要让其具有实用价值，可以将其改造用三位十进制做密码，数码输入采用常用的十进制开关键盘，用优先权编码器将其编码成二进制，再利用四位同比较器产生比较结果。这样，可以大大提高锁的保密性能，使其具有应用价值。

7 电 子 实 习

"电子实习"是电类和非电类学生电子技术课程的实践性教学环节，它强调了设计与实际应用的结合，涉及到许多实际知识与技能，是对学生综合动手能力的一次检阅。

7.1 概述

7.1.1 实习目的与要求

A 电子实习的目的

通过对实际应用电路的制作，培养学生基本的实验制作技能，训练其实际动手能力，启发学生在实践活动中的工程意识。

B 应达到的基本要求

（1）学会应用现代设计手段，完成实习课题的设计。

（2）进一步熟悉常用电子器件的类型和特性。

（3）进一步熟悉电子仪器的正确使用方法。

（4）学会电子电路的安装与调试技能。

（5）培养学生独立分析和解决问题的能力。

（6）学会撰写实习总结报告。

7.1.2 电子实习的教学过程

A 图纸及印刷电路板的设计

（1）学习电子辅助设计软件的使用，本书涉及的电子辅助设计软件是 Protel（后面有介绍）。

（2）利用 Protel 完成设计图纸的绘制。

（3）利用 Protel 完成印刷电路板的设计。

B 制作印刷电路板

利用简易制板设备把自己设计的印刷电路板制作出来。

C 安装及调试

（1）利用制作完成的印刷电路板和必需的电子元器件，进行产品的安装（这里的产品指的是一个具有实用功能的制作）。

（2）对产品进行调试让它具备所需的功能。

D 完成实习总结报告

完成记录实习过程及心得的实习总结报告。

7.2 Protel 软件介绍

PROTEL 是澳大利亚 Protel 公司于 20 世纪 90 年代初开发的电子线路辅助设计软件包，

初级产品由电路原理图设计软件 Protel-Schematic 和印刷电路板设计软件 Protel-PCB（Printed Circuit Board）组成。随电子技术的发展，电子设计自动化（EDA）的提出，Protel 的后期产品如 Protel98、Protel99、Protel2000 已经集成了模拟仿真的模块，功能更加完善。

下面以 Protel 软件的初级产品（Protel-Schematic1.0、Protel-PCB1.5 均为汉化版本）为例，简单介绍软件的使用方法。

7.2.1　Protel-Schematic 的使用

为了做到简单明了，下面以实例形式讲解其基本使用方法。

图 7-1 为分压式偏置单管放大电路，画出它可按以下步骤进行。

（1）运行 Schematic Editor，点击文件→新建文件，可打开其编辑窗口。

（2）设置图纸大小。点击选项→设置图纸，可在相应打开的对话框中设置图纸大小，从小到大顺序依次为 A4、A3、…、D、E。

（3）选取库文件，放置器件。库编辑工具栏位于主编辑窗口左侧，如图 7-2 所示，按"添加/删除"按钮可进行选择元件库的操作，图中"当前器件库浏览"窗口中的器件即为当前选中库中的器件，选择合适的库及相应的器件，用鼠标点击"放置"按钮可以在图纸上放置器件。按图 7-1 中要求，可选取电阻——R、电解电容——C-1、NPN 型晶体管——V-NPN 在图中摆放。

注：上述元件库中调出的元件是自己绘制的，若使用软件自带库中的元件，调出的元件与图 7-1 中的元件会有所不同，但不影响使用，只是符号上有所差异。

（4）画电路图。

1）调整器件位置。鼠标单击器件让器件处于选定状态——器件四周出现黑色虚线边框，再单击器件，可让器件粘连于鼠标的指示箭头上，此时按空格键（Space）可以调整器件姿态（即器件的放置方向），在适当的位置点击鼠标，可以把器件放置于该位置。同样的方法还可以移动器件的标识和型号（器件周围的小字）。

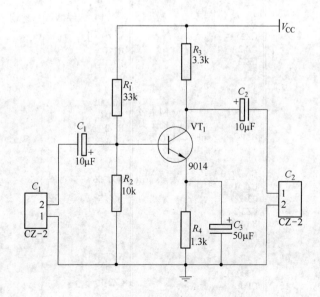

图 7-1　分压式偏置单管放大电路

图 7-2　库管理

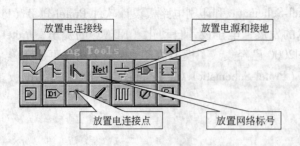

2）绘图。在工具栏上相应位置点击绘图工具条按钮，可打开绘图工具条如图 7-3 所示，点击画线工具（放置电连接线）画线，然后在线路交叉处放上节点（放置电连接点），即可完成电路图的绘制。

图 7-3　绘图工具

3）编辑器件标号及参数。鼠标双击器件可进入器件标号及参数的编辑窗口，可根据窗口中各栏目前的提示设置参数，其间要特别注意器件封装（器件封装包含了器件的安装信息，如器件在电路板上占多大面积，管脚间距离多少等）的设置，一定要与印刷电路板设计软件库中的封装对应起来，即在该库中要能够找到该器件，并且有管脚的一一对应，否则会在数据传输中出现器件丢失等错误。以上工作完成后，电路图的绘制就基本完成了，剩下一点工作是把设计好的原理图输出成网络表，以便映射到印刷电路板设计软件中进行自动布线。

注意：电路中的"电源"和"接地"一定要用绘图工具条中"放置电源和接地"工具放置，否则会在形成网络表时被软件自动编号成常规网络。

（5）形成网络表。

1）点击文件→建立网络表…，在弹出的窗口中选形成 Protel 网络表，点击 OK 可以马上在新开的窗口中看到形成的网络表。

2）网络表结构如表 7-1 所示。

表 7-1　网络表结构

[	R4	CZ-2	R2-1
VT1　器件编号	1R-10		VT1-B
1V-1　器件封装	1.3K	]	)
9014　器件型号		[	(
	]	CZ2	VCC＿0
]	[	CZ-2A	R1-1
[	C3	CZ-2	R3-1
R1	2C-D6-3.5		)
1R-10	50U	]	(
33K		(	N00005
	]	N00001　　网络名	VT1-C
]	[	C1-2　电容 C1 的 2 脚	R3-2
[	C1	CZ1-2　插座 CZ1 的 2 脚	C2-1
R2	2C-D6-3.5	)	)
1R-10	10U	(	(
10K		GND＿0	N00006
	]	CZ1-1	VT1-E
]	[	C3-2	R4-1
[	C2	CZ2-2	C3-1
R3	2C-D6-3.5	R4-2	)
1R-10	10U	R2-2	(
3.3K		)	N00007
	]	(	C2-2
]	[	N00003	CZ2-1
[	CZ1	C1-1	)
	CZ-2A	R1-2	

194

如上所述，网络表前部分方括号内是器件特征描述，描述中前两行编号及封装非常重要，在网络表形成后，它们必须存在，否则印刷电路板设计软件无法找到相关器件的安装特征，就不能得到正确的设计结果。网络表后部分圆括号内是网络特征描述，它描述的是原理图中各器件管脚的连接关系。

3）人工控制网络表的形成。

网络表在形成的时候，若网络没有人为放置标号，软件会自动给网络加上标号，但这样的标号是无规律的。如果想要控制网络名称，可以在形成网络表之前人为给网络加上标号。方法是点击工具条（参考图7-3）相应工具按钮为网络放置网络标号，然后鼠标双击标号，把其编辑修改为具有一定意义的名称，这样网络就有了相应的标号，形成的网络表将不会再出现如 N000XX 的字样，取而代之的是编辑好的网络名称。

关键操作：选取器件（单击器件），移动及旋转器件（单击选定器件可作移动，单击选定器件再按 Space 键可旋转器件），编辑器件参数（双击进入编辑窗口），器件的放大缩小（Page Up、Page Down）。

7.2.2　Protel-PCB 的使用

Protel 的印刷电路板设计软件可以用多种方式绘制电路板，包括自动、半自动和手动等，由于篇幅有限，这里仅介绍自动布线过程。

（1）运行 Protel for PCB，点击文件→新建 PCB 文件，打开 PCB 编辑窗口。

（2）加载器件库。点击库编辑→组件库管理…，加载库文件，库文件加载以后，可直接在该窗口中浏览器件封装（即外形），也可点击放置按钮在编辑窗口中放置器件，即手动放置器件。

注：加载的库必须包含有前面用到器件的封装，否则加载网络表时会出现封装丢失。

（3）加载网络表。点击网络表→加载网络表…，加载先前形成的网络表屏幕打开网络表加载状态窗口如图7-4所示，观察网络表加载情况，若出现有网络或器件丢失，一定要点击"生成报告文件"按钮生成报告，然后重新打开电路原理图，对照报告检查电路原理图绘制情况。检查错

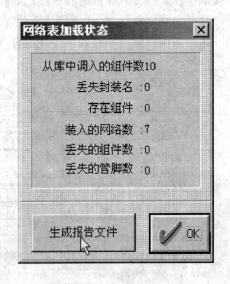

图7-4　网络表加载信息

误经过更正后再形成新的网络表重复以上过程。若没有丢失情况则可以点击 OK 进入编辑状态，这时再点击工具条的"完整显示 PCB 图"的工具按钮，就能够看到调入的器件与网络。

（4）摆放器件。

1）选择编辑窗口最下方的工具条，点击展开（见图7-5）选定禁止布线层，选择画线工具，划定线路板有效区域。

图 7-5　层选择

2）铺开器件。点击自动→自动布局参数设置…，在出现的窗口中，选定"局部布局"，然后按"进行自动布局"按钮，可以看到器件已被散布于刚才划定好的有效区域中了。

3）选取器件，对器件摆放位置进行调整。

①移动单个器件。Ctrl + 鼠标点击，器件将粘连于鼠标箭头之上，按 Space 键可以调整器件姿态（即旋转器件），在适合的位置点击鼠标可放置器件于该位置。

②成组移动器件。Shift + 鼠标点击可选定器件（选定的器件被点亮，再次操作可取消选定），选定多个器件，点击工具栏中的 按钮可移动所有选定的器件。

③以上移动单个器件的方法可用于器件标号及 PCB 板边框的移动，这样可以美化设计的视觉效果。

（5）网络优化。点击网络表→优化网络表→优化所有网络（也可以选择优化某一条网络，或与某一个器件相连的网络。优化的目的在于要把点与点间的连线缩为最短，以提高布线成功率）。

（6）自动布线设置。点击自动→自动布线参数设置…，在展开的窗口中设置要进行布线的层面、线宽、布线时和布线后对线条的处理方法以及布线的算法（见图 7-6）。

注：布线层面设置。"不使用"、"水平"、"垂直"、"不首选项"分别代表层面不使用、水平布线、垂直布线和不予规定合理进行水平及垂直布线。

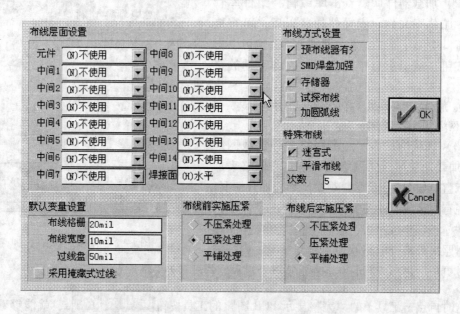

图 7-6　自动布线参数设置

（7）进行全自动布线。点击自动→自动布线→进行全部网络的自动布线，会进入电路的自动走线状态，屏幕上将出现显示线路布通情况及布通率的窗口，待布线完成后又会出现一个提示窗口，点击窗口中的 OK 按钮，待窗口关闭后就可以看到布线的结果了。

（8）查看布线结果。点击信息→PCB图上的状态…，会出现显示 PCB 图线路布通情况的窗口，检查有多少线未布通。一般单面板都会有布不通的线，处理这些线，一般可调整不合理的器件摆放重新进行自动布线。若还解决不了问题，就必须手工处理了。手工处理有效的方法是放置跳线，由于跳线是放置在元件面的点对点的导通线，走线较随意，一般少数几条线未布通，都可用这个方法解决问题（不易太多，否则严重影响美观）。

（9）器件标注文字大小和位置的调整。

1）调整位置。与调整器件的方法相同。

2）调整标号及参数的大小尺寸。

①单一调整。双击器件可进入编辑窗口如图 7-7 所示，按"组件编号（器件标号）"或"注释文字（器件参数）"按钮进入需调整的下一级编辑窗口，在窗口中可进行字号及字体的调整。

②成组调整。双击一个器件进入组件编号或注释文字编辑窗口，调整字号及字体，然后选择"全局"（"Global"）按钮，窗口展开如图 7-8 所示，选定"修改全部匹配的"选项，点击 OK 后你会发现电路中所有与该器件具有相同特征器件（与该器件用了相同的字号和字体）的组件编号和注释文字都已经按要求进行了调整。

图 7-7　器件属性编辑

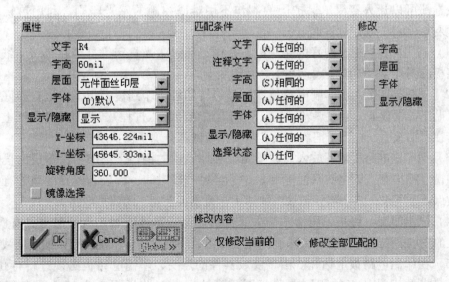

图 7-8　器件属性成组修改

197

关键操作：选定器件（Shift + 鼠标点击），移动器件（Ctrl + 鼠标点击粘连起器件后可移动器件；Ctrl + 鼠标点击粘连起器件后，按 Space 键可旋转器件），编辑器件参数（双击进入编辑窗口），器件的放大缩小（Page Up、Page Down）。

至此，印刷电路板就制作完成了，当然可以把它送到工厂去加工。但由于这里讲的是实习内容，所以下面介绍如何自己制作印刷电路板。

7.3　印制电路板的制作

7.3.1　印制电路板的一般制作方法

目前印刷电路板制作主要有两种工艺：化学蚀刻工艺和物理雕刻工艺。化学蚀刻工艺首先用难以腐蚀的物体覆盖在所需要的线路表面，然后将整张线路板浸在腐蚀性液体中，经过一段时间，把不要的铜箔蚀去，经清洗、钻孔、烘干后便可制作成印刷电路板。保护层工艺大致分三种：油性丝网印刷、感光印刷和手工描板（或贴保护纸）。其中第一种工艺为批量生产工艺且精度低，不适合实验室用。第二种也为批量生产工艺，与第一种相比有很高的精度，虽然目前市场上已有空白感光板出售，但实用起来有点困难：一是曝光条件（需要黑暗环境）导致操作困难，二是曝光及显影时间难以控制；第三种对制作者熟练程度要求高，否则制作出来的印刷电路板美观性差且制作周期长。

物理上的雕刻工艺，实际上是用计算机控制一个机器，比如一个小型铣床，利用机械切削原理，把覆铜板上不要的铜箔去掉，然后再经过钻孔把印刷电路板制作出来。这种方法一般一次性投资大，且由于机器本身原因会导致加工的印刷电路板精度不高，同时也不适合大批量生产。

7.3.2　印制电路板的实验室制作

对于学生实习，印刷电路板的制作有一定批量，还是采用化学蚀刻工艺，这样运行效率及成本都可以让人接受。保护层的制作不用难以控制的感光印刷，利用热转印技术（精度要差一些）。制作过程如下：

（1）利用计算机把绘制好的印刷电路板图，通过激光打印机打印在热转印纸上。印刷电路板的图样会以碳膜形式存在于热转印纸上。

（2）把热转印纸上的印刷电路板图通过热转印机转印到覆铜板上。把打印好的热转印纸仅贴于覆铜板上，通过热转印机（中间有加热和滚压过程），此时热转印纸上的碳膜会附着在覆铜板上，相当于把覆铜板上需要保留的部分加了保护层。

（3）把印刷电路板裁下放入腐蚀槽腐蚀去掉没用的铜箔。把加了保护层的覆铜板放入腐蚀槽（槽中有三氯化铁腐蚀溶液）中，经过一段时间，覆盖有碳膜的地方有抗腐蚀能力被保留了下来，其余部分则被腐蚀掉了，覆铜板上剩下的就是电路。

（4）取出印刷电路板，用清水洗去腐蚀液。由于腐蚀液对其他物品也具有腐蚀性，比如人的皮肤、衣服等，所以待印刷电路板取出后一定要用清水洗去残余的腐蚀液。

（5）在印刷电路板上钻孔。由于安放器件的需要，印刷电路板必须进行打孔处理。打孔信息来源于设计好的印刷电路板图，腐蚀好的电路板焊盘中间的圆点即为打孔位置。

（6）在印刷电路板上涂助焊剂。为了方便焊接，可以在印刷电路板上涂上助焊剂，一般可用松香的酒精溶液进行涂抹以达到目的。

至此印刷电路板就制作完成了。

7.4 安装调试

经过以上工作，现在可以利用印刷电路板及配好的器件进行产品的安装调试了，其间涉及到一些具体的安装调试技术可参考 2.4 小节。下面简述的是安装调试的基本过程。

7.4.1 安装

（1）清点并查对器件。清点器件数目，看是否有标注不清楚的器件如色环电阻，或坏的器件如二极管和三极管等。某些器件的查对可能要借助仪器，如用万用表测量标注不清的电阻的阻值，二极管的极性等。

（2）安插器件。根据设计把器件安插在印刷电路板上。为了不把安插位置搞错，可以把设计好的印刷电路板的元件面打印出来进行对照。

（3）焊接器件。按工艺要求把安插好的元件焊接在电路板上，注意焊接时不要出现虚焊及短路。

7.4.2 调试

（1）目测常规器件的安装。

观察是否有因大意造成的错误，如用错电阻阻值、接错二极管和电解电容极性等。

（2）检查电源是否正常接入，产品是否满足设计要求。

先用万用表检查输入是否有短路或阻抗过低问题，若没有可对产品进行通电检查，若电源正常引入，又没有发现其他器件的异常情况（如器件过热等问题），就可以进行产品功能检查，看它是否满足设计要求，满足要求说明安装是成功的。若出现问题，则必须再作下一步检查。

（3）一般性故障检查。

一般小产品的制作，按照一定规程进行制作，应该说成品率是比较高的，但也不排除某些原因导致产品功能不正常，遇到这些问题一般可对产品作以下检查（当然检查还要结合产品原理，不能盲目进行）。

1）检查器件是否存在安放错误。

这里应该借助一些仪器、仪表，以一定的方法去检查错误。因为器件的安放前面已经目测过了，再目测就不再具有意义了。以下检查也是一样。

2）检查焊点是否存在虚焊问题。

3）检查相邻焊点是否有短路可能。

4）检查器件是否有损坏。

产品经过以上检查及故障的处理，一般都能达到设计要求，但对器件是否损坏的检查，带有一定的复杂性，因为器件的损坏可能是人为的，也可能是器件本身存在有质量问题，需要对器件特性非常熟悉，才能发现问题。对于器件特性等细节问题请参阅前些章节的相关内容。

7.5 实习选题

7.5.1 带过流保护可调直流稳压电源（图7-9）

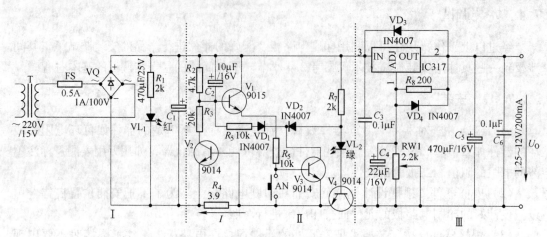

图7-9 带过流保护可调直流稳压电流

A 整流滤波电路

通过二极管单向导电作用，把由变压器得到的交流15V电压，变换成脉动直流电压，再经过电容滤波电路，把脉动直流电压变换成较为平缓的直流电压。

电路中红色二极管为电源接入指示，点亮为正常情况。

B 保护电路

通过二极管钳位及三极管互锁作用完成。

在电源正常工作情况下（工作电流 $I<200\text{mA}$），采样电阻 R_4 上电压 $U_{R4}=I\times3.9<0.7\text{V}$，三极管 V_2 不导通，V_1、V_3 截止，V_4 饱和导通，导通压降很小（不大于0.4V），流过负载的电流可正常通过 V_4 流回电源形成通路。

若电源工作过程中出现过载或短路（$I\geqslant200\text{mA}$），则 $U_{R4}\geqslant0.7\text{V}$，三极管 V_2 导通，导致 V_1 导通，跟随而来的是 V_3 得到偏置后饱和导通，此时由二极管 VD_2 的钳位作用导致 V_4 基极电压低于0.7V截止，由于 V_4 处于主回路当中，一关断它，相当于负载就再也得不到电流，从而实现了过载或过流保护作用，这时伴随有绿色发光二极管 VL_2 熄灭的动作，V_1、V_3 导通的结果是形成强烈的正反馈，而使两管一直处于导通状态，注意 VL_2 熄灭这是一个提示，即绿色发光二极管熄灭，说明电源过载，应采取相应的措施（比如检查是否有短路或过负载情况，并加以解决）以保证电源正常工作。

电路中解除保护是通过操作按钮"AN"（注意：电路保护以后若不手动干预，电路将始终处于保护状态），按下"AN"相当于是让 V_3 基极接地，此时 V_3 截止，VD_2 截止，V_4 恢复导通，这时只要不过流可保证 V_2、V_1 处于截止状态，电路恢复正常。

C 调压电路

主要通过三端可调集成稳压电路 LM317 实现。

LM317 的主要特性是1、2端电压恒定为1.25V，在1、2端接一个固定电阻 R_8，可在电阻 R_8 上形成恒流，于是2端对地的电压为（1端电流很小）：

$$U_0 = 1.25\left(1 + \frac{R_{W1}}{R_8}\right)$$

调压范围为 1.25～15V。

考虑到成品安装的需求，应把一些需在外壳面板上安装的器件摆放成插座（比如作电源引入指示的红色发光管和作故障指示的绿色发光管等）以便连接，图7-10为实际应用电路。

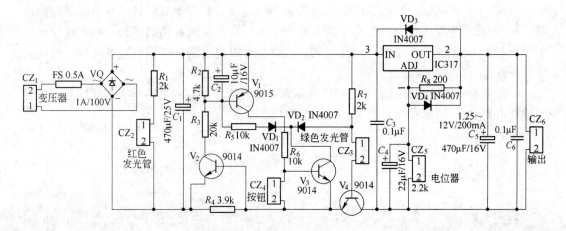

图7-10　带过流保护可调直流稳压电源实作电路

7.5.2　带充电功能的可调直流稳压电源

A　调压电路

电路如图7-11所示，电压调节主要由 LM317 完成，具体原理可参照上一个选题（带过流保护可调直流稳压电源）的相关内容。

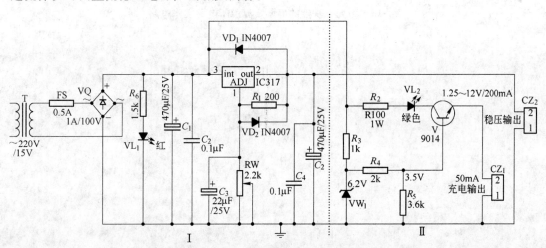

图7-11　带充电功能的可调直流稳压电源

B　充电电路

充电采用恒压形式。电源直接取自整流滤波输出（LM317 前一级），又通过 R_3 和

VW_1 组成的稳压电路为晶体管 V 提供固定偏置，偏置电压经电阻分压后为 3.5V，此电压再经晶体管 V 发射结 0.7V 降压，可以为电池组提供 2.8V 的稳定充电电压；电流由晶体管 V 提供，经电阻 R_2 和 VL_2 的限流，可为充电电池组提供约 50mA 的充电电流（电流会随充电电池组电压的建立有所下降）。

充电时间可以按下面的式子核算：

$$充电时间 = 电池标称安时数 / 充电电流$$

如：500mAh 电池，利用本充电装置充电（约 50mA），按上式计算可知，充电时间需要 10h，考虑到电池充电后，充电电流会略有下降，充电时间可稍微延长一些，比如延长至 12～14h。实际上由于电路为恒压形式，又设置有限流电路，故没有过冲问题，时间再延长些，也不会对电池造成损坏。

同样考虑到成品安装的需求，把一些需在外壳面板上安装的器件摆放成插座后，实际应用电路如图 7-12 所示。

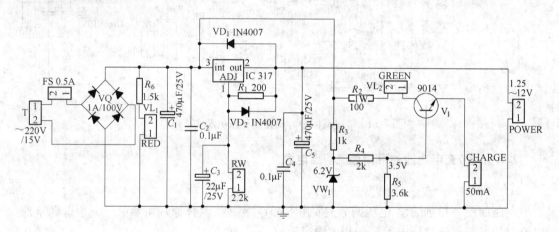

图 7-12　带充电功能的可调直流稳压电源实作电路

202

8 CPLD 的实验应用

随着电子技术的发展，电子工程师们已越来越不满足于用通用器件来构成数字逻辑系统，随着集成技术和计算机技术的发展，数字系统的实现方法经历了由分立元件、小规模集成电路、中规模集成电路到大规模集成电路、超大规模集成电路的过程。在高技术发展的今天，数字系统功能千变万化、极其复杂，要制作一个各系统通用的全硬件电路是不可能的，解决方法一是使用微处理器，另外就是下面要介绍的专用集成电路。

8.1 概述

8.1.1 专用集成电路及器件

专用集成电路的英文写法是 Applications Specific Intergrated Circuit，简写为 ASIC。ASIC 是为专门限定的某一种或某几种特定功能的产品或应用而设计的芯片。所谓专用集成电路是相对于通用集成电路而言的。专用集成电路又分为模拟和数字两大类，而本书只涉及数字专用集成电路。从目前制造的方法看，数字专用集成电路可分为全定制 ASIC（Full Custom ASIC）、半定制 ASIC（Semi – Custom ASIC）和可编程 ASIC（Programmable ASIC）三大类别。全定制 ASIC 芯片没有经过预加工，各层掩膜全部是按特定功能专门制造的；半定制 ASIC 芯片是在硅片上已经预制好的晶体管单元电路（这种硅片可以称为母片），只剩金属连线层的掩膜有待按照具体要求进行设计和制造。因此，和全定制 ASIC 相比，当生产量不大时，半定制的成本低而且设计和生产周期都很短。可编程 ASIC 芯片的各层均已由工厂预先制造好，不需要定制任何掩膜，用户可以用开发工具按照自己的设计对可编程器件编程，以实现特定的逻辑功能。

可编程逻辑器件（Programmable Logic Device）简称 PLD，是新一代的数字器件，属于可编程 ASIC。它不仅具有很高的速度和可靠性，而且具有用户可重复定义的逻辑功能，即具有可重复编程的特点。因此，可编程逻辑器件使数字电路系统的设计非常灵活，并且大大缩短了系统研制的周期，缩小了数字电路系统的体积和所用芯片的品种。

可编程逻辑器件 PLD 分类框图如图 8-1 所示。

8.1.1.1 简单 PLD

简单的 PLD 由"与"阵列及"或"阵列组成，能有效地以"积之和"形式实现布尔逻辑函数。简单 PLD 在"与"、"或"阵列的基础上有三种基本类型，可根据阵列能否编程来区分：（1）可编程只读存储器（Programmable Read – Only Memory）即 PROM，它的"与"阵列固定，"或"阵列可编程，如图 8-2 所示；（2）可编程阵列逻辑（Programmable Array Logic）即 PAL，它的"与"阵列可编程，"或"阵列固定；（3）可编程逻辑阵列（Programmable Logic Array）即 PLA，它的"与"阵列和"或"阵列都可编程。

通用阵列逻辑（Generic Array Logic—GAL）器件与 PAL 具有相同的内部结构，但又靠

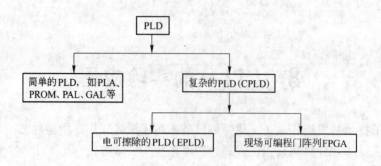

图 8-1　PLD 分类框图

各种特性组合而区别于 PAL。这类器件综合了 PROM 器件编程的成本低、高速度、容易编程和 PAL 的灵活性，因此成为最早实现可编程 ASIC 的主要器件。尤其是 GAL 的可再编程特性，为开发提供了很大方便。

8.1.1.2　复杂的 PLD（Complex Programmable Logic Device）

复杂的可编程逻辑器件 CPLD是由 PAL 或 GAL 发展而来的，扩充了原始的可编程逻辑器件，由可编程逻辑的功能块围绕一个位于中心和延时固定的可编程互连矩阵构成。为了增加电路密度而不使性能和功耗受到损失，复杂的可编程逻辑器件 CPLD 在结构上引入了各种特性。如：引入分页系统，分页的目的在于仅使阵列的一部分在任何给定的时刻被加电；按备份模式放置阵列，或者变换检测自动地控制加电，或者采用外部指令加以控制。某些公司已经引入了折叠 PAL，它仅用了一个实际阵列，但可以将乘积项反馈回阵列。这也允许在单个器件中实现多级逻辑。

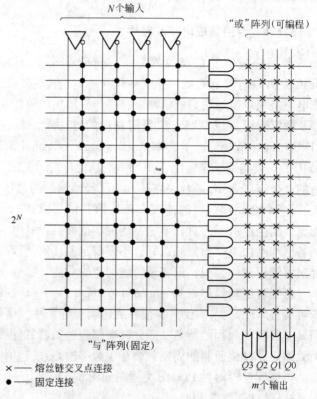

图 8-2　PROM 器件内部结构图

从目前发展趋势可以看出 CPLD 又延伸出两大分支，可擦除可编程逻辑器件 EPLD（Erasable Programmable Logic Device）和现场可编程门阵列器件 FPGA（Field Programmable Gate Array）。

EPLD 可擦除可编程逻辑器件分为两类，一类是紫外线（UV）可擦 PLD，称为 EPLD；另一类是电可擦除 PLD，简称 EEPLD。

FPGA 现场可编程门阵列器件通常由布线资源围绕的可编程单元（或宏单元）构成阵

列，又由可编程 I/O 单元围绕阵列构成整个芯片，基本结构如图 8-3 所示。排成阵列的逻辑单元由布线通道中的可编程连线连接起来实现一定的逻辑功能。一个 FPGA 可能包含有静态存储单元，它们允许内连的模式在器件被制造以后再被加载或修改。

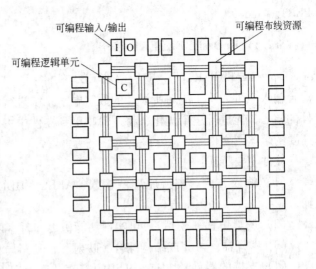

图 8-3　FPGA 的基本结构

8.1.2　EDA 概述

电子设计自动化 EDA（Electronic Design Automation）已经逐渐成为电子电路与系统的重要设计手段，目前广泛用于模拟与数字电路系统等许多领域。EDA 研究的对象是电子设计的全过程。

EDA 技术从 20 世纪 70 年代兴起，已经历了三个阶段。70 年代是以电子电路 CAD 的 PCB（印刷电路板）布线工具为代表。80 年代是以数字电路分析为代表，主要解决没有完成设计之前的功能检验问题。这时的 PCB 布线工具已经具有了电路分析与设计功能。它将特性驱动的概念与分析仿真工具相结合，脱离了只是代替人工布线的概念，使得布出的 PCB 板不单是布通，而且必须符合电路的功能和特性要求。到了 90 年代，随着 TOP – DOWN DESIGN（自顶向下设计方法）的提出和 DSP（数字信号处理）技术的发展，逻辑综合工具和 DSP 设计工具应用的普及，数字、模拟和数模混合电子系统的仿真设计和 PCB 制板前的系统硬件电路仿真分析与试验（FPCB）技术的进展，为缩短电子系统设计周期的竞争又促使并行设计工程 CE（Concurrent Engineering）和设计管理系统 DM（Design Management）的应用得到迅速发展。从而促进电子设计人员和管理人员要求所有工具（包括系统仿真、PCB 布线、逻辑综合、DSP、FPCB、MCM 等）必须在一个面向用户的统一的数据库及管理框架环境下工作，并达到最佳效果。因此 EDA 技术发展到 90 年代，它是由 TOP – DOWN DESIGN 新一代设计观念和功能，PCB 布线和设计可制造性分析，数字、模拟混合信号电子系统的分析和设计仿真，DSP 设计等软件包与面向用户的统一的数据库及管理框架共同组合而成。这种 EDA 系统主要以并行设计工程的方式和系统级目标设计方法作为支持。为此，人们又把 90 年代发展起来的 EDA 称作 ESDA（Electronic System Design Automation）。

在 ESDA 技术中，系统设计的核心是可编程器件设计，而实际由可编程器件完成的系统设计，90% 的工作是由系统软件完成的，他们已经能够很好地体现 ESDA 技术，极度发挥可编程器件的作用，又由于可编程器件自身的可重复编程的特性，使电子设计的灵活性和工作效率大大提高。

8.2　CPLD 开发工具

本节内容主要针对 Lattice 公司的 CPLD 器件讲述与其对应的开发工具 ispDesignEX-

PERT。

8.2.1 ispDesignEXPERT 简介

ispDesignEXPERT 是一套完整的 EDA 软件。设计输入可采用原理图、硬件描述语言、混合输入三种方式。能对所设计的数字电子系统进行功能仿真和时序仿真。编译器是此软件的核心，能进行逻辑优化，将逻辑映射到器件中去，自动完成布局与布线并生成编程所需要的熔丝图文件。

软件主要特征：

（1）输入方式。支持原理图输入、ABEL – HDL 输入、VHDL 输入和 Verilog – HDL 输入。

（2）逻辑仿真（模拟）。可实现功能仿真和时序仿真。

（3）编译器。可完成结构综合、映射、自动布局和布线。

（4）支持的器件。含有 ispLSI 的宏库及 MACH 的 TTL 库，支持所有 ispLSI、MACH 器件。

8.2.2 ispDesignExpert System 项目及源文件的建立

8.2.2.1 启动 ispDesignExpert System 并创建一个新的设计项目

按 Start → Programs → Lattice Semiconductor → ispDesignEXPERT System 菜单启动 isp-DesignExpert System，可以首先进入 ispDesignEXPERT 的项目管理器窗口。

选择菜单 File→New Project…，在出现的对话框中键入项目名，如：c：\user\demo. syn（后缀可以不写），然后在 Project Type 选项中选 Schematic/ABEL，按"保存"可以退出对话框。此时可以看到窗口如图 8-4 项目管理器中所示，出现有默认的项目名和器件型号，分别为 Untitled 和 ispLSI5256V-165LF256。

用鼠标双击 Untitled，可以对项目进行命名，你可以根据实际需要，给设计取一个可

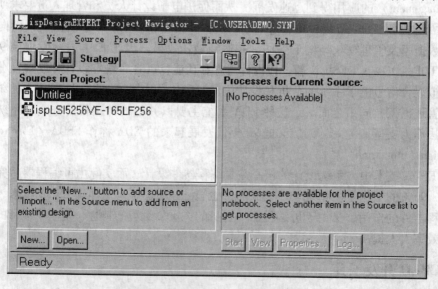

图 8-4　项目管理器（Project Navigator）

以大概描述设计方案的名称。

双击 ispLSI5256V-165LF256，会出现 Choose Device 的对话框如图 8-5 所示。

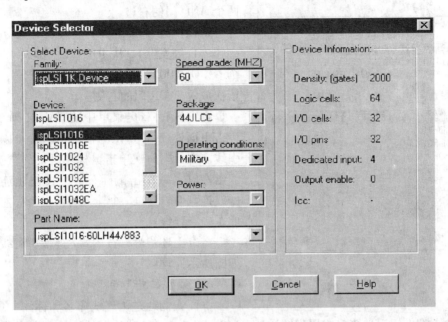

图 8-5　器件选择

在 Choose Device 窗口中选择 ispLSI1k Device 项。按动器件目录中的滚动条，直到找到并选中需要的器件，如 ispLSI 1032E – 70LJ84（器件的选择是根据实际设计的需求而定的，你可以选择不同容量的器件，以使设计合理经济地利用器件的资源）。按 OK 按钮，选择这个器件。

8. 2. 2. 2　建立原理图（Schematic）设计源文件

A　绘制原理图

一个设计项目可以由一个或多个源文件组成。这些源文件又可以是原理图文件（∗. sch）、ABEL HDL 语言文件（∗. abl）、VHDL 语言文件（∗. vhd）、Verilog HDL 语言文件（∗. v）、测试向量文件（∗. abv）、波形激励文件（∗. wdl）或者是文字文件（∗. doc，∗. wri，∗. txt）。在以下操作步骤中，先以原理图为例在设计项目中添加一个原理图文件。

从菜单上选择 Source 项。选择 New...，在对话框中，选择 Schematic，并按 OK。选择路径，如：c:\ user（一般源文件应该与已经建立的项目文件在同一个目录下，这样是为了便于管理和调用），并输入文件名 demo. sch，按 OK 确认后就可以进入原理图编辑器。在下面的步骤中，将要在原理图画中画上几个元件符号，并用引线将它们相互连接起来。

从菜单栏选择 Add，然后选择 Symbol，你会看到如图 8-6 所示的对话框。

选择 GATES. LIB 库，然后选择 G_ 2AND（2 输入与门）元件。将鼠标移回到原理图编辑窗口中，注意此刻 AND 门粘连在了你的光标上，并会随之移动。单击鼠标左键，可以将 AND 门的符号放置在鼠标点击的位置。再在第一个 AND 门下面放置另外一个 AND 门。

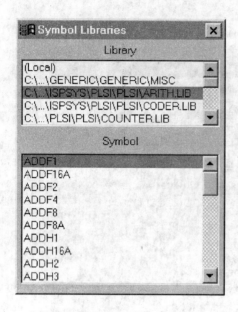

图8-6　元件库

将鼠标移回到元件库的对话框，并选择 G_ 2OR（二输入或门）元件。将 OR 门放置在两个 AND 门的右边。

采用上述步骤，从 REGS. LIB 库中选一个 g_ d（D 触发器），从 IOPADS. LIB 库中选择一个 G_ OUTPUT（输出缓冲单元）符号，并分别依次放置于 OR 门的右侧。

现在选择 Add 菜单中的 Wire（画线）项。单击上面一个 AND 门的输出引脚，可以开始画引线。画线时每次单击鼠标左键，可弯折引线，双击左键（或单击鼠标右键）便终止连线。将引线连到 OR 门的一个输入脚单击鼠标左键就完成了一条连线。

重复上述步骤，按图8-7 连接所有线，实现如图所示原理图。

B　对原理图进行标记

下面我们通过为连线命名和标注 I/O Markers（输入输出标记）来完成原理图设计。I/O Markers 是特殊的元件符号，它指明信号进入还是离开这张原理图。注意连线不能被悬空，它们必须连接到 I/O Marker 或逻辑符号上。这些 I/O Marker 标记采用与之相连的网络（或连线）的名字，I/O Markers 与另一描述输入输出的 I/O Pad（输入输出端口）符号使用有所不同，我们将在下面定义属性（Add Attributes）的步骤中详细解释。

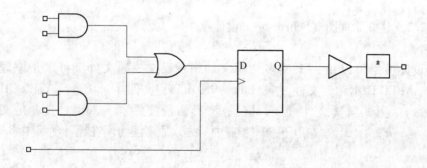

图8-7　原理图1

为了完成这个设计，选择 Add 菜单中的 Net Name（网络名称）项。屏幕底下的状态栏会提示你输入网络名，输入"A"并按 Enter 键，网络名会粘连在鼠标的光标上。将光标移到最上面的与门输入端，在输入连接的末端（也即输入脚左端的方块）按鼠标左键并向左边拖动鼠标，然后在合适的位置点击鼠标左键，可以在放置网络名称的同时，画出一根输入网络连线。这时输入信号的名称应该已经加注到了引线的末端。

重复这一步骤，直至加上全部的输入 B、C、D 和 CK，以及输出 OUT。

现在标注 I/O Markers。选 Add 菜单的 I/O Marker 项。将会出现一个对话框，请选择

Input。将鼠标的光标移至输入连线的末端（位于连线和网络名之间），并单击鼠标的左键。这时会出现一个输入 I/O Marker 标记框，连线名会被框在中间，而且它带有方向性。

鼠标移至下一个输入，重复上述步骤，直至所有的输入都有 I/O Marker。然后在对话框中选择 Output，单击输出连线端，加上一个输出 I/O Marker。至此原理图就基本完成，它应该如图 8-8 所示。

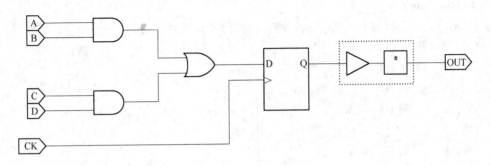

图 8-8　原理图 2

C　定义 ispLSI 器件的属性（Attributes）

你可以为任何一个元件符号或网络定义属性。在这个例子中，你可以为输出端口符号添加 LOCK（引脚锁定——定义设计的输入输出，分配并固定于实际器件的某一只引脚上）属性。请注意，在 ispDesignEXPERT 中，引脚的属性实际上是加到 I/O Pad 符号上，而不是加到 I/O Marker 上。同时也请注意，只有当你需要为一个引脚增加属性时，才需要 I/O Pad 符号，否则，你只需要一个 I/O Marker，也就是说图 8-8 虚线框中的 I/O Pad，如果设计只作仿真而不形成熔丝图往 CPLD 中烧录（下载），就可以不放置，相反如果要作烧录就必须在每一个输入输出端放置 I/O Pad。

在菜单条上选择 Edit→Attribute→Symbol Attribute 项，这时会出现一个Symbol Attribute Editor 对话框（如图8-9 所示）。单击需要定义属性的输出I/O Pad。对话框里会出现一系列可供选择的属性。

选择 Synario Pin 属性，并且把文本框中的"＊"替换成"4"。

关闭对话框。此时数字"4"出现在 I/O Pad 符号内，相当于把该输入或输出定义到了实际器件的第四只管脚上。

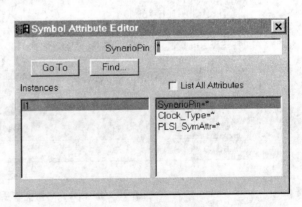

图 8-9　器件属性对话框

D　保存已完成的设计

从菜单条上选择 File，并选 Save 命令。再选 Exit 命令退出，原理图源文件的设计就完成了，窗口会返回项目管理器窗口。

8.2.2.3　建立仿真测试向量（Simulation Test Vectors）源文件

A　利用 ABEL 语言建立测试向量

在项目管理器窗口中，选 Source 菜单中的 New... 命令。在对话框中，选择 ABEL Test Vectors 并按 OK。

在出现的对话框中输入文件名 demo. abv，作为你的测试向量文件名。按 OK。待文本编辑器弹出后，输入下列测试向量文本。

module demo;

c, x = . c. , . x. ;　　⎫
　　　　　　　　　　　⎬　输入、输出及其属性定义
CK, A, B, C, D, OUT PIN;　⎭

TEST_ VECTORS

([CK, A, B, C, D] → [OUT])　⎫

[c , 0 , 0 , 0 , 0] → [x];　　⎪

[c , 0 , 0 , 1 , 0] → [x];　　⎬　测试向量

[c , 1 , 1 , 0 , 0] → [x];　　⎪

[c , 0 , 1 , 0 , 1] → [x];　　⎭

END

B　保存完成的设计

完成后，选择 File 菜单中的 Save 命令，以保留你的测试向量文件。再次选择 File，并选 Exit 命令。此时你的项目管理器应如图 8-10 所示。

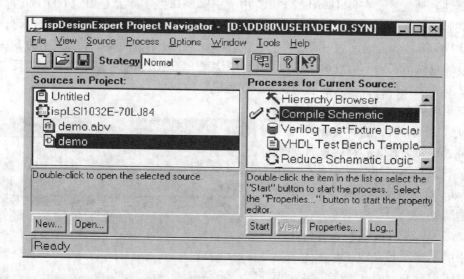

图 8-10　加入测试向量文本后的项目管理器

8.2.3　设计的编译与仿真

8.2.3.1　编译原理图与测试向量

现在设计项目已经建立了所需的源文件，下一步是编译它们。选择不同的源文件，你可以从项目管理器窗口中观察到该源文件所对应的可执行过程。在这一步，请你分别编译原理图和测试向量。

在项目管理器左边的 Sources in Project（项目源文件）清单中选择 demo. sch（原理图）源文件。双击 Compile Schematic（原理图编译）处理过程。这时会出现一个如图 8-11 的进程显示。

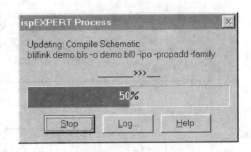

图 8-11　编译过程

编译通过后，Compile Schematic 过程的左边会出现一个绿色的查对记号√，以表明编译成功。编译结果将以逻辑方程的形式表现出来。

然后从源文件清单中选择 demo. abv（测试向量）源文件。双击 Compile Test Vectors（测试向量编译）进行编译。在处理过程中也会出现如图 8-11 所示的进程。

8. 2. 3. 2　设计的仿真

ispDesignExpert 开发系统有非常完善的仿真功能。它不但可以进行 Functional Simulation（功能仿真），还可以进行 Timing Simulation（时序仿真）。在仿真过程中还提供了 Step（单步运行）、Breakpoints（断点设置）功能。

A　功能仿真

在项目管理器的主窗口左侧，选择测试向量源文件（demo. abv），双击右侧的 Functional Simulation 功能条。将弹出如图 8-12 所示的 Simulator Control Panel（仿真控制）窗口。

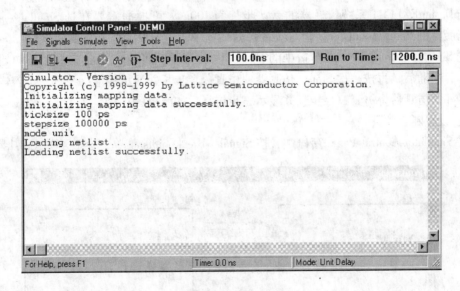

图 8-12　仿真控制窗

a　全局仿真

在 Simulator Control Panel 窗口中，选 Simulator→Run 菜单，波形观察器 Waveform Viewer 将被打开，在波形观察器的窗口中可以看到完整的仿真波形如图 8-13 所示（为了便于观察，用鼠标点击输入或输出变量，可以选中它，按住鼠标左键可以拖动并调整其位置）。

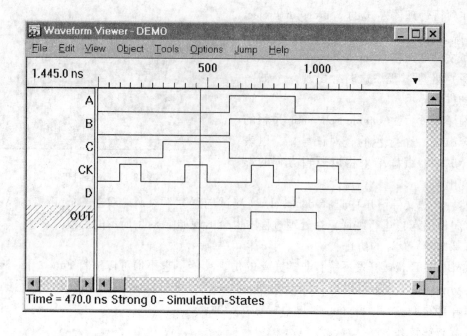

图 8-13　波形观察窗口

b　单步仿真

在 Simulator Control Panel 窗口中，若选 Simulator→Step 菜单，可对设计进行单步仿真。ispDesignEXPERT 系统仿真器的默认步长为 100ns，可根据需要在选 Simulate→Setup 菜单所激活的 Setup Simulator（仿真设置）对话框中，重新设置你所需要的步长。

选 Simulator Control Panel 窗口中的 File→Reset 菜单，可将仿真状态退回至初始状态（0 时刻）。随后，每按一次 Step，仿真器便仿真一个步长并显示相应的波形图，若连续按三次 Step，仿真器将仿真三个步长并显示三步仿真后的波形图。

c　设置断点仿真

在 Simulator Control Panel 窗口中，按 Signal→Breakpoints 菜单，会显示如图 8-14 所示

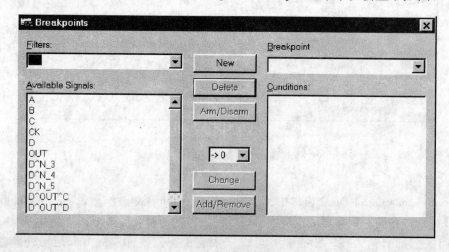

图 8-14　断点设置窗口

的 Breakpoint（断点设置控制）窗口。在该窗口中按 New 按钮，开始设置一个新的断点。在 Available Signals 栏中单击鼠标选择所需的信号，在窗口中间的下拉滚动条中可选择设置断点时该信号的变化要求，例如：－>0，指该信号变化到 0 状态；！＝1，指该信号处于非 1 状态。一个断点可以用多个信号所处的状态来作为定义条件，这些条件在逻辑上是与的关系。最后在 Breakpoints 窗口中，先按 Add，再按 Arm 按钮使所设断点生效。本例中选择信号 OUT－>? 作为断点条件，其意义是指断点成立的条件为 OUT 信号发生任何变化（变为 0，1，Z 或 X 状态）时。这样仿真过程将在 0ns，700ns，1000ns 时刻遇到断点。

　　d　直接波形激励仿真

　　ispDesignEXPERT 系统除了用 ∗.abv 文件描述信号激励用于仿真外，还提供了直接的，用波形描述激励的工具——Waveform Editor（图形编辑器），即可以利用它去描述激励信号，代替用语言编辑的测试相量，为设计提供仿真时的输入。下面仍以设计 demo.sch 为例，讲述用 Waveform Editor 编辑激励波形的方法。

　　在项目管理器窗口中，从菜单上选择 Source 项，选择 New...。在对话框中，选择 Waveform Stimulus（波形激励），并按 OK。输入文件名 wave_in.wdl，确认后可以进入 Waveform Editing Tool（波形编辑器）窗口。

　　在波形编辑器窗口中按 Edit→Import Wave...，在打开的对话框窗口中点击 Browse，如果原理图文件是经过编译的，会在文件选择窗口中看到 demo.naf（输入输出管脚信息）文件，选择并确认它，对话框中会列出所有的输入变量，选 Add All（也可以点击所需的输入变量，按 Add 选择添加一个变量）后点击 Show 按钮，退出该对话框后，将看到如图 8-15 所示波形编辑器窗口。这时可以看到窗口中调入了所有的输入变量，但波形没有经过编辑。

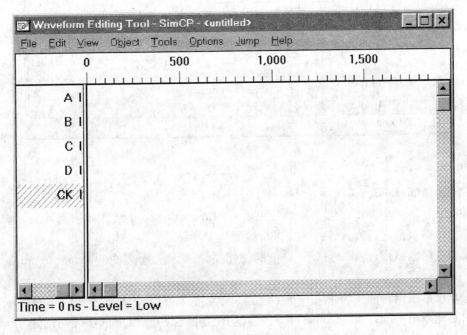

图 8-15　波形编辑器窗口

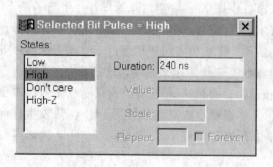

图 8-16 波形编辑子窗口

在上述窗口中按 Object→Edit Mode，将弹出如图 2-13 所示的波形编辑子窗口。单击波形编辑器窗口左侧的信号名 A，开始编辑 A 信号的波形。单击 A 信号 0 时刻右端位置的任意一点，波形编辑器子窗口中将显示波形电平编辑信息（参考图 8-16）。

在 States 栏中选择 Low，在 Duration 栏中填入 200ns 并按回车键。这时，在 Waveform Editing Tool 窗口中会显示 A 信号在 0~200ns 区间为 0 电平。然后在 Waveform Editing Tool 窗口中单击 200ns 右侧位置的任一点，可在波形编辑器的子窗口中编辑 A 信号的下一个变化。重复上述操作过程，编辑所有输入信号（A，B，C，D，CK）的激励波形，让它们如图 8-17 所示，最后将它存盘。

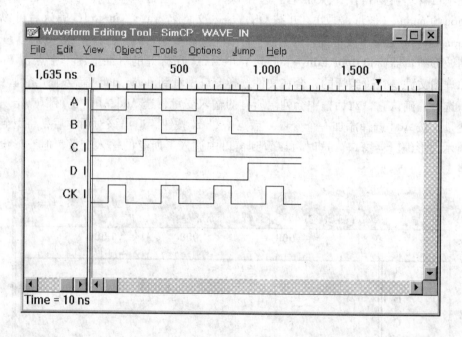

图 8-17　编辑后激励波形

在 Waveform Editing Tool 菜单中，按 File→Consistency Check 菜单，检测激励波形是否存在冲突。在该例中，错误信息窗口会提示 No Errors Dected（当然如果有冲突，你就应该根据提示对波形进行修改，并再次进行检测）。

至此，激励波形已编辑完毕，剩下的工作是调入该激励文件（wave_ in. wdl）进行仿真。

退出波形编辑器回到项目管理器的主窗口，在源程序区点击选中文件 wave_ in. wdl。在窗口右侧双击 Functional Simulation 栏进入功能仿真流程，以下的步骤与前述用 * . abv 文件描述激励的仿真过程完全一致，在此就不再冗述了。

214

B 时序仿真（Timing Simulation）

时序仿真的操作步骤与功能仿真基本相似，以下仅简述其操作过程中与功能仿真的不同之处（仍以设计 Demo 为例）。

在 ispDesignEXPERT 项目管理器主窗口中，于左侧源程序区选中 Demo. abv，双击右侧的 Timing Simulation 栏进入时序仿真流程。由于时序仿真需要与所选器件相关的时间参数，因此双击 Timing Simulation 栏后，软件会自动对器件进行适配，然后打开与功能仿真时相同的 Simulator Control Panel 窗口。

时序仿真与功能仿真操作步骤的不同之处在于仿真的参数设置上。在时序仿真时，打开 Simulator Control Panel 窗口中的 Simulate→Setup 菜单，会出现 Setup Simulator 对话框。在此对话框中要进行（仿真延时）和 Simulation Mode（仿真模式）的设置。

Simulation Delay 设置有 Minimun Delay（最小延时）、Typical Delay（典型延时）、Maximun Delay（最大延时）和 Zero Delay（0 延时）选项。典型延时的时间设为 0 延时。

Simulation Mode 设置有两种形式：Inertial Mode（惯性延时）和 Transport Mode（传输延时）。典型模式为 Transport Mode。

将仿真参数设置为最大延时和传输延时模式，进行仿真可以在 Waveform Viewer 窗口中显示如图 8-18 所示的仿真结果。由图可见，与功能仿真不同的是，输出信号 OUT 的变化比时钟 CK 的上升延滞了一个时间段。时序仿真的结果，可以用于研究电路可能存在的竞争和冒险问题，有利于设计的完善。

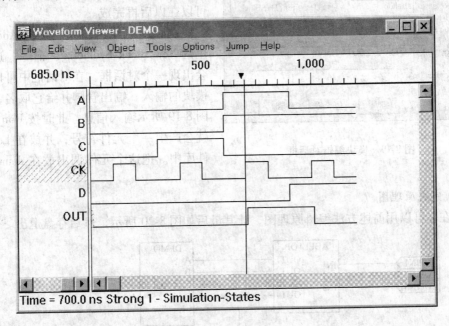

图 8-18 时序仿真结果

8.2.4 建立元件符号（Symbol）

ispExpert 工具有一个非常有用的功能，它能够把有用的设计单元变成一个宏模块，便于你在需要使用时随时调用。

双击原理图的源文件 demo.sch，把它打开。在原理图编辑器中，按 File→Matching Symbol 命令，就可以形成相关的宏模块，此模块以符号（Symbol）形式存放于器件库中。此时，点选 Add→symbol...，在打开的对话框中，若 Symbol 窗口的"（local）"库已经被选中，它下面的 symbol 窗口中会出现一个名为 Demo 的器件，这是刚刚才形成的。

8.2.5 ABEL 语言和原理图混合输入

这里，我们叙述如何利用 ABEL 语言和原理图共同去完成一个设计，设计以层次结构的方式进行，大家可以体会一下"自顶向下"的设计思路。

8.2.5.1 建立顶层原理图

在先前例子的基础上，从项目管理器菜单条上选 Source→New...，在对话框中选 Schematic，然后把文件取名 top.sch 保存在 c:\user 下，按 OK 进入了原理图编辑器。

A 建立原理图逻辑元件

原理图元件的建立可依靠上节叙述的方法，这里我们直接调用上节中创建的元件 Demo，并放到原理图上的合适位置。

B 建立内含 ABEL 语言的逻辑元件

现在要用 ABEL HDL 文件为设计建立一个元件。只要知道了接口信息（由实际设计需求而定），你就可以为顶层的设计创建一个元件模块。而实际的 ABEL 设计文件可以在以后再完成。

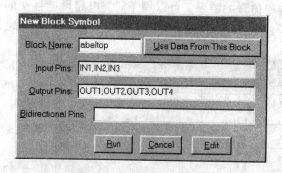

图 8-19 模块编辑对话框

在原理图编辑器里，选择 Add 菜单里的 New Block Symbol... 命令。这时候会出现一个对话框，在对话框中可以定义模块的输入、输出管脚并给它取名，按照图 8-19 所示输入信息。此时按 Run 按钮，就会产生一个元件符号，并放在 Local 元件库中。把这个元件调出放在 demo 符号左边。

C 完成原理图

现在你可以用前述方法编辑原理图，让其最后如图 8-20 所示，然后存盘退出。

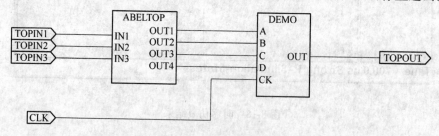

图 8-20 顶层原理图

8.2.5.2 建立 ABEL-HDL 源文件

当我们再次回到项目管理器时（图 8-21），会发现 abeltop 的左边有红色的"?"图

216

标。这意味着目前这个源文件还是个未知数，因为在 top 文件中用到了，但它还没有被建立。同时请注意源文件的层次结构，abeltop 和 demo 源文件位于 top 原理图的下面并且缩进了一个位置，这说明它们是 top 原理图的下层源文件。

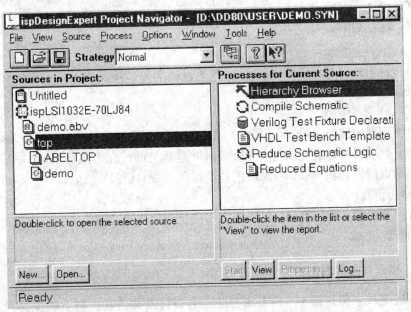

图 8-21　项目管理器

现在你需要建立一个 ABEL 源文件，并把它链接到顶层原理图对应的符号上。

A　编辑 ABEL 源文件

为了建立所需的源文件，请先选择 abeltop，然后选择 Source 菜单中的 New... 命令。在 New Source 对话框中，选择 ABEL-HDL Module 并按 OK。

下一个对话框会问你模块名、文件名以及模块的标题。为了将源文件与符号相链接，模块名必须与符号名一致。输入情况可参考图 8-22 所示。按 OK 进入 Text Editor，可以看见 ABEL HDL 设计文件的框架已经构成了。在 TITLE 语句和 END 语句之间输入下列的代码。

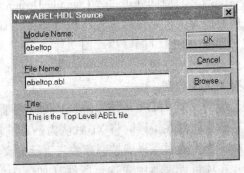

图 8-22　ABEL 源文件命名对话框

然后存盘退出。

MODULE abeltop
TITLE 'This is the Top Level ABEL file'
"Inputs
　　IN1, IN2, IN3 pin;
"Outputs
　　OUT1, OUT2, OUT3, OUT4 pin;

定义输入输出

Equations

OUT1 = IN1&! IN3；

OUT2 = IN1&! IN2；

OUT3 = ! IN1&IN&IN3；

OUT4 = IN2&IN3；

END

$$out1 = in1 \cdot \overline{in3}$$

$$out2 = in1 \cdot \overline{in2}$$

方程式 $out3 = \overline{in1} \cdot in2 \cdot in3$

$$out4 = in2 \cdot in3$$

退出后可以看到项目管理器中 abeltop 源文件的图标已经改变了。这意味着它已经有了相关的链接，即我们刚才编辑的文件。

B　编译 ABEL HDL

在项目管理器中选择 abeltop 源文件。在右侧窗口处理过程列表中，双击 Reduce Logic 过程。你会看到项目管理器在执行 Reduce Logic 过程之前，先去执行 Compile Logic 过程。当处理过程结束后，会在 Reduce Logic 前作上绿色的查对记号√。

8.2.5.3　仿真

仿真可以按照前述方法进行，请大家自行编辑测试矢量或波形激励，然后完成相应的功能仿真和时序仿真。

8.2.6　把设计适配到 Lattice 器件中

现在已经完成了原理图和 ABEL 语言的混合设计及其仿真。剩下的步骤只是将设计放入 Lattice ispLSI/pLSI 器件中。因为前面已经选择了器件，所以可以直接执行下面的步骤。

首先，在源文件窗口中选择 ispLSI1032E – 70LJ84 器件作为编译对象。然后，双击窗口右侧与之对应的处理过程 Compile Design，项目管理器会自动完成对源文件的编译，连接所有的源文件，最后进行逻辑分割，布局和布线，将设计适配到所选择的 Lattice 器件中，形成 JEDEC Fiel（熔丝图文件）。

当这些都完成后，你可以双击 ispDesignEXPERT Compiler Report，查看一下设计报告和有关统计数据。

说明：如 ispLSI 1016、ispLSI 2032 等器件的 Y1 端是功能复用的。如果不加任何控制，适配软件在编译时将 Y1 默认为是系统复位端口（RESET）。若欲将 Y1 端用作时钟输入端，必须通过编译器控制参数来进行定义。具体方法如下：

在项目管理器中先选定器件（如例中的 ispLSI1032E – 70LJ84），再选中窗口右侧的 Compile Design，该窗口下方的 Properties...（属性）项变成可选，点击它可以进入一个对话框，在该对话框中可以进行诸如 Y1 等复用功能的定义。

8.2.7　层次化操作方法

层次化操作是 ispDesignEXPERT 系统项目管理器的重要功能，它能够简化层次化设计的操作。

在项目管理器的源文件窗口中，选择最顶层原理图 "top. sch"。此时在项目管理器右边的操作流程清单中必定有 Navigation Browser（管理浏览）项目。双击 Navigation Browser 即会弹出最顶层原理图 "top. sch"。选择 View 菜单中的 Push/Pop 命令，光标会变成十字形状。用十字光标单击顶层原理图中的 abeltop 符号，即可弹出描述 abeltop 功能的文本文件 abeltop. abl。此时可以浏览或编辑 ABEL HDL 设计文件。浏览完毕后用 File 菜单中的 Exit 命令退回顶层原理图。用十字光标单击顶层原理图中的 demo 符号，即可弹出描述 demo 功能的原理图 demo. sch。此时可以浏览或编辑该原理图（若欲编辑底层原理图，可以利用 Edit 菜单中的 Schematic 命令进入原理图编辑器。编译完毕后用 File 菜单中的 Save 和 Exit 命令退出原理图编辑器）。下层文件浏览完毕后用十字光标单击图中任意空白处即可退回顶层原理图。

若某一设计为多层次化结构，则可在最高层逐层进入其下层，直至最底一层；退出时亦可以从最底层逐层退出，直至最高一层。层次化操作结束后用 File 菜单中的 Exit 命令可退回项目管理器。这种操作可以简化设计的最终检审工作。

8.2.8 ispDesignEXPERT 系统对 VHDL 和 Verilog 语言进行设计的一点说明

ispDesignEXPERT 系统除了支持原理图和 ABEL – HDL 语言输入外，商业版的 ispDesignEXPERT 系统中提供了 VHDL 和 Verilog 语言的设计入口。用户的 VHDL 或 Verilog 设计可以经 ispDesignEXPERT 系统提供的综合器进行编译综合，生成 EDIF 格式的网表文件，然后可进行逻辑或时序仿真，最后进行适配，生成可下载的 JEDEC 文件。而且除设计输入以外的各个步骤，都与前述介绍的方法相同，这里由于篇幅有限，我们不再介绍了，至于 ABEL、VHDL 和 Verilog 语言的应用请大家参考其他相关资料。

8.2.9 在系统编程（下载）的操作方法

用 Lattice ISP 器件在系统中编程，可在多种平台上通过多种方法来实现。在此仅介绍在教学与科研中最常用的基于 PC 机，Windows 环境下的菊花链式在系统编程方法。由于在系统编程的结果是非易失性的，故又可将编程称为"烧写"或"烧录"。

利用 Window 版的 ISP 菊花链烧写软件对连接在 ISP 菊花链中的单片或多片 ISP 器件进行编程时，烧写软件对运行环境的要求为：

（1）每个待编程器件的 JEDEC 文件（设计经适配成功后会形成该文件）。

（2）连接于 PC 机并行口上的 ISP 烧写电缆。

（3）Microsoft Win95 或 NT。

（4）带有 ISP 接口的目标硬件（如教学实验板、电路板或整机）。

首先，在 WIN95 中按 Start→Programs→Lattice Semiconductor→ispVM System，打开 Lattice ISP 器件的编程界面，选择 ispDCD，打开 ISP 菊花链烧写窗口。若 PC 机已经通过在系统编程电缆连接到教学实验板或目标硬件板上，那么建立结构文件最简单的方法是利用 Configuration→Scan Board 命令。这一命令执行之后就产生一个包含有菊花链中所有器件的基本结构文件。然而此时结构文件中还缺乏关于进行何种操作和写入哪一个 JEDEC 文件的信息。

图 8-23 给出了用 Configuration→Scan Board 命令来产生 ISP 教学实验板结构文件的情形。图中的两行表示实验板上有两片 ISP 器件：第一片器件型号为 ispLSI 1016；第二片器件型号为 ispGDS14。

下一步是为菊花链软件中要编程的每个器件选择一个 JEDEC 文件。这可以通过向

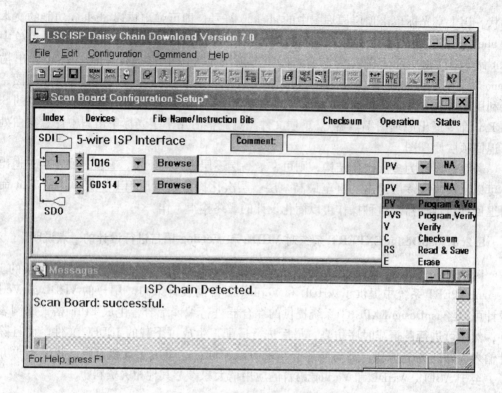

图 8-23 ISP 菊花链烧写窗口

File 栏中直接键入文件名称或利用 Browse（浏览）键来选择 JEDEC 文件。对每个器件还应当从 Operation 栏中选择合适操作方式，默认方式为 PV（编程加校验），当然你还可以选择 PVS（编程校验并存盘）、V（仅校验）等方式。

注意：Program（编程）、Verify（校验）和 Read & Save（读出存盘）都需要事先确定操作的文件名称。Erase（擦除）、Checksum（求熔丝阵列的检查和）和 No Operation（无操作）则无需确定操作文件名称。注意经过加密的器件不能单独进行校验。

当结构文件建立起来时，可以从主菜单中选择 Command→Turbo Download→Run Turbo Download 命令执行指定的编程操作。在编程过程中，每个器件的 Status 窗口会显示操作进程和结果。出现 Pass 表示编程完毕。一旦出现 Fail，应根据 Message 窗口中的提示进行检查，待问题解决后才能重新编程。

新建立的或经过修改的结构文件如果在以后需要反复使用，可利用 File→Save（或 Save As）命令将其存盘，在需要再次使用时用 Open 命令调出即可。

8.3 Lattice 系统宏介绍

ispDesignEXPERT 系统为了便于设计，已经内建了很多常用的宏单元模块，他们已经涵盖了大部分常用的中规模集成电路的功能，你可以在需要使用时随时调用。

8.3.1 宏名释义

A 输入输出电路（IO PAD）

220

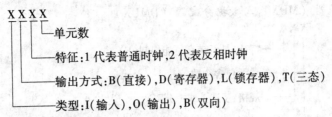

例　IB11：直接输入引脚

　　OT21：三态输出引脚（反相）

　　BI18：双向引脚（8 路）

B　门电路（GATES）

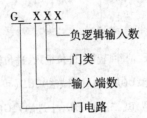

例　G_ 2AND：2 输入与门

　　G_ 2NOR1：2 输入或非门（其中一端输入负逻辑）

C　触发器（REGISTER）

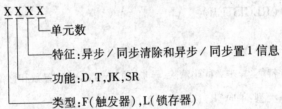

例　FD11：1 路 D 触发器

　　FD54：4 路 D 触发器（同步置 1/同步清除）

D　算术运算电路（ARITH）

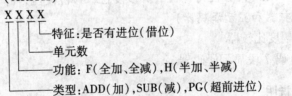

例　ADDF4：4 位全加器

　　SUBF8A：8 位全减器（有超前借位产生项）

E　编码器译码器（CODER）

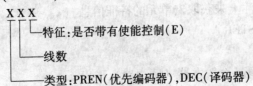

例　PREN8E：7-3 线优先编码器（有使能端）

　　DEC2：1-2 线译码器（无使能端）

F 数据选择器（MUX）与数据分配器（DMUX）

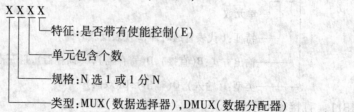

例 MUX2：2 选 1 MUX

   DMUX42E：双（2）1 至 4 数据分配器（有使能端）

G 计数器（COUNTER）

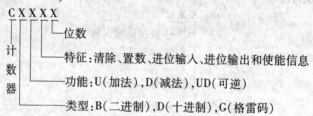

例 CBU28：8 位二进制加法计数器（异步清除，进位输入，进位输出，计数使能）

   CDUD4C：4 位十进制可逆计数器（异步清除，进位输入，进位输出，计数使能，并行置数，同步置数）

H 移位寄存器（REGISTER）

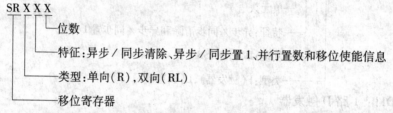

例 SRR24：4 位单向移位寄存器（异步复位，移位使能）

   SRRI4：4 位双向移位寄存器（异步复位，移位使能，并行置数，同步置1）

I 其他（比较器和显示译码器）

MAGx：x 位幅度比较器

BIN27：BCD 码-7 段显示译码器

8.3.2 补充说明

ispDesignEXPERT 系统支持的宏单元，其特征是以数字形式包含于宏命名当中的，但由于数字较多，不便于区分和记忆。为了明确宏单元的特征以方便设计时使用，可以从宏单元的模块外接管脚标注上来获取宏单元的特征信息。

A 触发器（REGISTER）

典型管脚标注有：

Qi　　　　　——第 i 个触发器（锁存器）输出

D、J、K　　——触发器（锁存器）输入

CLK　　　　——触发器时钟

G	——锁存器门控信号
PS、CS	——同步置1、同步清除
PD、CD	——异步置1、异步清除

B 计数器（COUNTER）

典型管脚标注有：

Qi	——第 i 个触发器
CAO	——进位（借位）输出
Di	——第 i 位数据输入
CAI	——进位（借位）输入
CLK	——触发器时钟
PS、CS	——同步置1、同步清除
PD、CD	——异步置1、异步清除
EN	——计数使能
LD	——并行置数
DNUP	——加减控制

C 移位寄存器（REGISTER）

典型管脚标注有：

Qi	——第 i 位触发器
Di	——第 i 位数据输入
CAI	——单向串行输入
CAIR、CAIL	——右移串行输入、左移串行输入
CLK	——触发器时钟
PS、CS	——同步置1、同步清除
PD、CD	——异步置1、异步清除
LD	——并行置数
EN	——移位使能
RL	——左右移控制

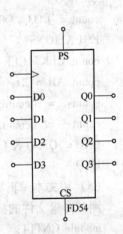

图 8-24　四路 D 触发器
宏单元模块

前述 FD54 模块如图 8-24 所示，由此可看出其特征应该为"同步置1、同步清除"。上面列出的仅是宏名释义中特征含糊的几个单元，对于其他单元有的也用到诸如 PS、CS、PD、CD 的端子，用到时可参照上面的标注。

8.4 ispDesignEXPERT System 上机实验

8.4.1 四位二进制加法计数器

按图 8-25 设计一个四位二进制加法计数器，并进行功能仿真。

实验步骤：

（1）建立一个名为 CNT14 的新设计项目，并打开原理图编辑器。

（2）建立名为 CBU14 的逻辑元件符合。

223

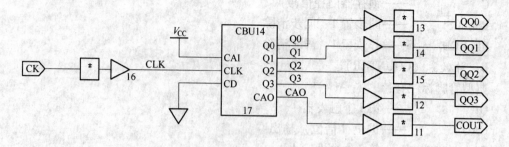

图 8-25 实验一

（3）调用 CBU14，完成原理图输入，并标注内部节点名称，然后存盘退出。

（4）用文本编辑器建立 CBU14. ABL 文件，并用 Source 菜单中的 Import 命令调入设计环境。

四位二进制加法计数器 CBU14 的 ABEL 描述语句为：

MODULE CBU14

CAI, CLK, CD   PIN;

CAO   PIN ISTYPE′COM′;

Q3.. Q0   PIN ISTYPE′REG′;

count = [Q3.. Q0];

EQUATIONS

count. CLK = CLK;

count. AR = CD;

count：= (count. fb) & ! CAI;

count：= (count. fb + 1) & CAI;

CAO = Q3. Q & Q2. Q & Q1. Q & Q0. Q & CAI;

END

（5）用文本编辑器建立测试向量文件 CNT14. ABV。

测试向量文件的描述语句为：

module CNT14;

″pins

CK   pin;

QQ0, QQ1, QQ2, QQ3   pin ISTYPE′REG′;

COUT   pin ISTYPE′COM′;

test_ vectors (CK – > [QQ0, QQ1])

@ repeat 35 { . c. – > [. x. , . x.]; }

end

（6）调入测试向量文件 CNT14. ABV，运行功能仿真的编译过程，在 Waveform Viewer 窗口中，通过 Edit 菜单中的 Show 或 Hide 命令显示出如图 8-26 所示的波形。

注：图 8-26 中 QBUS 是由信号 QQ3，QQ2，QQ1，QQ0 所组成的总线信号。可以在 Show Waveforms 窗口（选 Edit→Show... 可打开该窗口）中选 "BUS > >" 选项，然后通

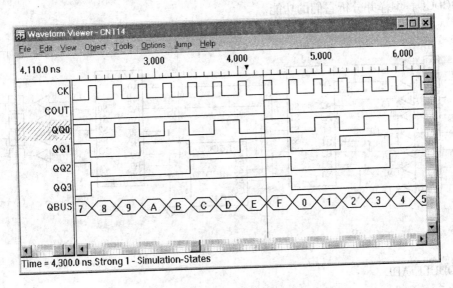

图 8-26　四位二进制加法计数器功能仿真结果

过编辑得到。

8.4.2　七人表决器

图 8-27 为七人表决器电路，建立电路并验证其功能，说明 "P"、"D"、"DISP" 三个输出端的作用。

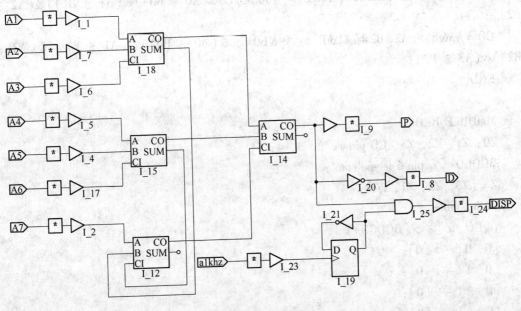

图 8-27　实验二

8.4.3　8421BCD 码加法器

8421BCD 码加法器如图 8-28 所示，用 ABEL 语言建立源文件 MODULE ADD 和 MOD-

225

ULE BCDCO，编译并分析它们的功能。

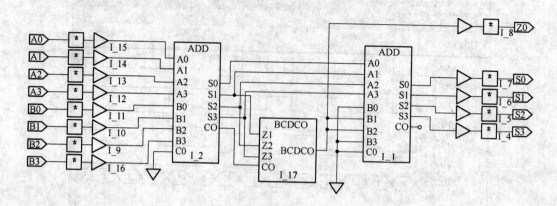

图 8-28 实验三

MODULE ADD

A0，A1，A2，A3，B0，B1，B2，B3，C0 PIN；

S0，S1，S2，S3，CO PIN ISTYPE′COM′；

EQUATIONS

S0 = A0 $ B0 $ C0；

S1 = A1 $ B1 $（A0&B0#C0&（A0 $ B0））；

S2 = A2 $ B2 $（A1&B1#（A0&B0#C0&（A0 $ B0））&（A1 $ B1））；

S3 = A3 $ B3 $（A2&B2#（A1&B1#（A0&B0#C0&（A0 $ B0））&（A1 $ B1））&（A2 $ B2））；

CO = A3&B3#（A2&B2#（A1&B1#（A0&B0#C0&（A0 $ B0））&（A1 $ B1））&（A2 $ B2））&（A3 $ B3）；

END

MODULE BCDCO

Z0，Z1，Z2，Z3，CO pin 1，2，3，4，5；

BCDCO   pin 6 istype′com′；

Z =［Z3，Z2，Z1，Z0］；

truth_ table

（［CO，Z］– >［BCDCO］）

［0，0］– >［0］；

［0，1］– >［0］；

［0，2］– >［0］；

［0，3］– >［0］；

［0，4］– >［0］；

［0，5］– >［0］；

［0，6］– >［0］；

226

$[0, 7] - > [0]$;
$[0, 8] - > [0]$;
$[0, 9] - > [0]$;
$[0, 10] - > [1]$;
$[0, 11] - > [1]$;
$[0, 12] - > [1]$;
$[0, 13] - > [1]$;
$[0, 14] - > [1]$;
$[0, 15] - > [1]$;
$[1, 0] - > [1]$;
$[1, 1] - > [1]$;
$[1, 2] - > [1]$;
$[1, 3] - > [1]$;
END

参照图 8-28，利用编译后形成的 ADD 和 BCDCO 组件构成加法器并验证其功能。

8.4.4 往复循环移位电路

通过学习上节内容，首先研究宏模块 SRRL4，然后根据图 8-29 电路的结构分析其功能。

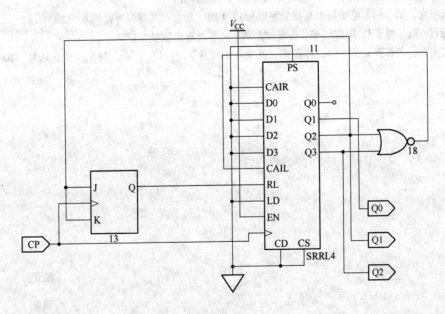

图 8-29　实验四

实验步骤：

（1）按图接线并对原理图进行编译。

（2）编辑波形激励文件，在 CP 端送入连续的时钟脉冲，然后作功能仿真，验证你的研究结果。

参 考 文 献

［1］ 郝国法，梁柏华，邱燕．电子技术基础实验［M］．北京：冶金工业出版社，1999.

［2］ 卢结成，高世忻，陈力生，田红民，等．电子电路实验及应用课题设计［M］．北京：中国科学技术大学出版社，2002.

［3］ 黄培根，等．Multisim 10 计算机虚拟仿真实验室［M］．北京：电子工业出版社，2008.

［4］ 王冠华．Multisim 10 电路设计及应用［M］．北京：国防工业出版社，2008.

［5］ ALTERA．可编程逻辑器件培训方案产品架构及软件使用课程［M］．Altera Corporation，1999.

［6］ 赵雅兴．FPGA 原理、设计与应用［M］．天津：天津大学出版社，1999.

［7］ 杨晖，张凤言．大规模可编程逻辑器件与数字系统设计［M］．北京：北京航空航天大学出版社，1998.

［8］ 黄正瑾．在系统编程技术及其应用［M］．2 版．南京：东南大学出版社，1999.

［9］ LATTICE Data Book［M］．2001.

［10］ 王栓柱，杨志亮．Protel for Windows 实用技术——印刷电路板自动设计［M］．西安：西北工业大学出版社．1997.

［11］ 孙梅生，李美莺，徐振英．电子技术课程设计［M］．北京：高等教育出版社，1993.

［12］ 陈汝全．电子技术常用器件应用手册［M］．北京：机械工业出版社，1994.

［13］ 赵保经．中国集成电路大全［M］．北京：国防工业出版社，1985.

［14］ 杨嘉林，常履广．数字电子技术基础实验指导书［M］．云南：云南工业大学，1996.

［15］ 常履广．数字电子技术基础实验指导书［M］．云南：云南工业大学，1998.

［16］ 程开明．数字电子技术［M］．重庆：重庆大学出版社，1993.

［17］ 康华光，邹寿彬．电子技术基础数字部［M］．4 版．北京：高等教育出版社，2000.

［18］ 阎石．数字电子技术基础［M］．4 版．北京：高等教育出版社，1998.

［19］ 沈明发，黄伟英，潘小萍，孙良雕．低频电子线路实验［M］．广州：暨南大学出版社，2001.

冶金工业出版社部分图书推荐

书　名	作　者	定价(元)
电子衍射物理教程	王　蓉	49.80
材料评价的高分辨电子显微方法	[日]进藤大辅	68.00
电力电子变流技术	曲永印	28.00
CAXA 电子图板教程	马希青	36.00
电工学与工业电子学	王华亭	29.00
电子枪与离子束技术	张以忱	29.00
电子产品设计实例教程	孙进生	20.00
数字电子技术基础	陈　旭	25.00
电子电路基础	刘怀亮	18.00
电子废弃物的处理处置与资源化	牛冬杰	29.00
电子技术实验	郝国法	30.00
材料微观结构的电子显微学分析	黄孝瑛	110.00
电子皮带秤	方原柏	30.00
电子背散射衍射技术及其应用	杨　平	59.00
电工与电子技术学习指导	张　石	29.00
电工与电子技术实训	张久全	27.00
电子技术	李加升	28.00
电工与电子技术基础	李耐根	29.00
电力电子技术	周　玲	23.00